智能
机器人
入门（第二卷）

北京科学中心 编

科学普及出版社
·北京·

图书在版编目（CIP）数据

智能机器人入门．第二卷 / 北京科学中心编．--
北京 ：科学普及出版社，2022.10
ISBN 978-7-110-10445-3

Ⅰ．①智… Ⅱ．①北… Ⅲ．①智能机器人－青
少年读物 Ⅳ．① TP242.6-49

中国版本图书馆 CIP 数据核字（2022）第 082915 号

丛书编委会

前言

　　随着信息化、工业化不断融合发展，以人工智能、机器人科技为代表的智能产业蓬勃兴起，成为新时代科技创新的一个重要标志。2014 年，习近平总书记在"两院院士"大会上指出，机器人是"高端制造业皇冠顶端的明珠"。机器人是一门多学科交叉的综合学科，专业人才的培养也需要长期的过程。从小激发学生的学习兴趣，让其参与机器人科技教育活动，这对我国人工智能与机器人领域科技人才的储备有着至关重要的作用。

　　本书由北京科学中心组织十余位机器人与人工智能领域骨干教师联合编写，可以作为一门引导青少年参与机器人教育活动的"启蒙"课程。它服务于学校信息科技教育与课后服务需求，旨在推动"双进"助力"双减"，提供一门立足实践、注重创造、体现科技与人文相统一的课程。全书分为两卷，第一卷介绍机器人与人工智能的基础知识，涉及机械结构、传感器系统、通信与控制系统等；第二卷则通过 8 个智能机器人典型案例，以项目式学习的方式，指导学生运用学习到的知识设计制作出可完成特定任务的机器人。

　　本书图文并茂、通俗易懂，书中的案例制作主要采用开源器材，方便实践，既可以作为青少年学习机器人与人工智能的科普读物，也可以作为学校开展信息科技教育、开展课外服务的校本教材。

　　由于水平有限，书中难免有不足之处，敬请各位同行和广大读者批评指正。

编者

2022 年 5 月

目录

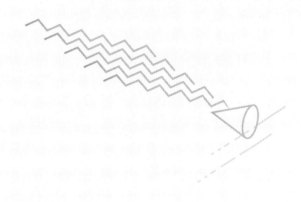

PART 01
仿生机器人

文/图　高山（北京市第二中学）

○ 本章任务

让机器人像人一样行走一直是科学家们想要实现的梦想。目前，最先进的仿生双足机器人已经可以完成行走、跑、跳等动作，有的甚至还可以翻跟头，在许多影视作品中也出现过仿生双足机器人。本节，我们就制作一个类似电影《星球大战》中出现过的双足机器人，具体如图1-1所示。

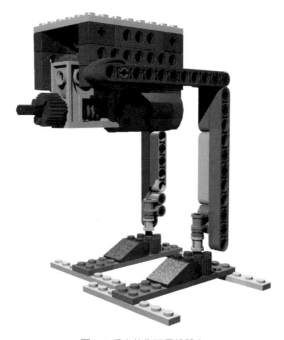

图1-1 乐高仿生双足机器人

○ 任务要点

● 机器人齿轮传动机构的搭建

● 机器人平行四边形连杆的安装

● 机器人腿部结构的搭建

● 仿生双足机器人测试

○ 器材准备

1. 乐高7.4V中型电机（1个）

2. 乐高蜗轮（1个）

3. 乐高24齿齿轮（3个）

4. 乐高8齿齿轮（1个）

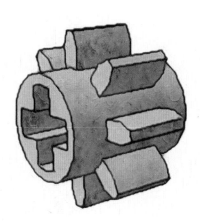

5. 乐高蜗轮箱（1个）   6. 乐高9V电池盒（1个）

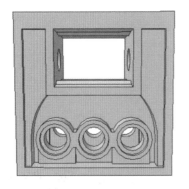   

7. 乐高积木梁、块、销等（若干）

○ 制作步骤

STEP 01 仿生机器人集合

　　1968年，美国通用公司制作了第一台可操纵的仿生双足步行机器人，它的名字叫Rig，从此拉开了研究仿生双足机器人的序幕。下面我们来了解一下各式各样的仿生机器人。

○ 仿生机器马

使用乐高制作的仿生机器马，像马一样拥有四条腿，还可以像马一样向前行走，如图1-2所示。

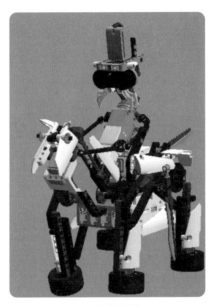

图1-2 仿生机器马

○ 仿生鳄鱼

鳄鱼是一种凶猛的肉食性爬行动物，拥有庞大的身躯和锋利的牙齿，也是地球上现存古老的生物"活化石"，图1-3所示是使用乐高制作的仿生鳄鱼。

图1-3 仿生鳄鱼

○ 仿生机器狗

1999年，索尼公司开发了机器狗"爱宝"，只要对它下达不同的指令，它便可以做出不同的动作反应。图1-4所示是利用乐高制作的能自动躲避障碍物的仿生机器狗，人们可以通过蓝牙对其进行控制。

图1-4 仿生机器狗

○ 仿生蜘蛛

在公园的树丛中，我们经常会看到蜘蛛，它有8只脚，通过抽丝织网捕食小昆虫。图1-5所示是利用乐高制作的仿生蜘蛛，它虽然可以前后爬行，但是不可以抽丝噢！

图1-5 仿生蜘蛛

仿生双足机器人可以模仿人类的腿，包括髋关节、膝关节和踝关节，因此它不仅可以在平地行走，还可以在不规则和狭窄的路面上行走，甚至可以像人类一样在户外行走。因此，制作仿生双足机器人难度最大的就是设计步行动作。

STEP 02 传动机构的搭建

要制作双足机器人，首先需要学会传动机构的搭建。下面我们就来介绍如何搭建传动机构。

○ 传动机构的设计

● 蜗轮传动设计

为了使双足机器人行走时力量十足，需要通过蜗轮传动设计将双足机器人的步频变慢，让其行走起来步伐更加有力、步调更加稳定。

蜗轮传动设计中最关键的部件是蜗杆和蜗轮（见图1-6）。先将蜗轮固定在蜗杆上，再将蜗轮与齿轮啮合进行传动。为了方便蜗轮与齿轮的固定，可以使用蜗轮箱将蜗轮、蜗杆和齿轮进行固定，如图1-7所示。

蜗轮与24齿的齿轮进行传动，在传动时，蜗轮可以看作是1齿，通过1齿传动24齿齿轮，输出扭矩将增加24倍，相反的，输出速度将减慢至1/24。这样，我们的双足行走机器人的行走速度虽然变慢，但是，双足的行走力量很大。

图1-6 蜗轮   图1-7 蜗轮箱

● **直齿轮传动设计**

蜗轮的输出轴只有一个，为了安装平行四边形连杆结构，也为了让机器人行走的脚步更加有力和稳定，因此还需要两个输出动力轴驱动机器人腿部的运动，那么应该如何实现呢？

使用齿轮传动设计，再增加两个输出动力轴。如图1-8所示，这是一个简单的3个直齿轮传动装置，使用2个24齿和1个8齿的齿轮完成传动设计，8齿齿轮同时传动2个蓝色的24齿齿轮，齿轮扭矩增加3倍，同时齿轮转动速度减慢至1/3。

图1-8 齿轮传动

○ **蜗轮传动搭建**

使用蜗轮箱完成蜗轮与齿轮的传动连接，将蜗杆与直流电机相连接，如图1-9所示。蜗轮的特点：增大扭矩；减慢速度；输出轴自锁。

图1-9 蜗轮传动搭建

○ *齿轮传动搭建*

通过齿轮传动，使动力输出轴从一个轴驱动变为两个轴驱动，从而增加牵引力，为后面安装平行四边形连杆结构做准备，如图1-10所示。

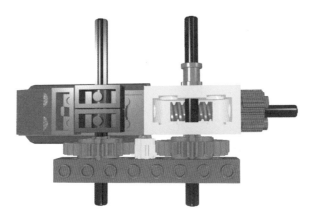

图1-10 齿轮传动搭建

STEP 03 平行四边形连杆的安装

平行四边形连杆的曲柄AB和CD始终保持平行且同向转动，BC连杆做平动运动，如图1-11所示，在做圆周运动的时候两连杆的角位移、角速度和角加速度始终相等，连杆连接机器人腿部后可以驱动腿部抬起和落下。

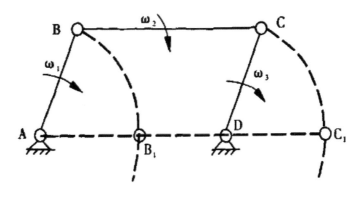

图1-11 平行四边形连杆

○ 平行四边形连杆的经典案例

● 伸缩门

利用平行四边形连杆制作的伸缩门，如图1-12所示。基于平行四边形易变形的特点，伸缩门可以大范围伸长或缩短。

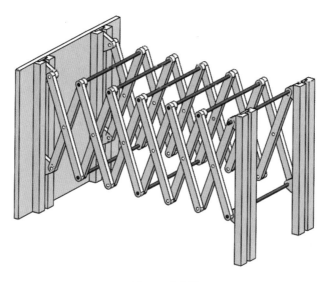

图1-12 伸缩门

● 蒸汽火车

蒸汽火车是人类早期的杰出发明，它是用蒸汽推动活塞做直线运动，再通过平行四边形连杆将直线运动转化为曲轴的旋转运动，从而带动车轮快速前进。

○ 如何安装平行四边形连杆

仿生双足机器人使用平行四边形连杆驱动腿部结构的抬起和落下，可以让双足的每一次动作保持在确定位置上，同时增加行走的牵引力。

这里要注意的是，由于仿生双足机器人在行走时一条腿落地，同时另一条腿抬升，所以双足机器人左、右两侧的两个平行四边形连杆的安装不是相同的，而是对称的，如图1-13所示。

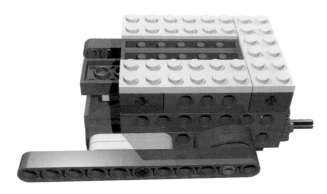

图1-13 平行四边形连杆的安装

STIP 04 腿部结构的搭建

仿生双足机器人的腿部结构模拟《星球大战》中的双足机器人进行设计，我们利用乐高积木零件中的梁、块、板来进行搭建，如图1-14所示。腿部搭建牢固，足部制作得稍大一些，这样机器人行走时才会更加稳定。

图1-14 腿部结构搭建

使用乐高销将机器人腿部结构与平行四边形连杆结构相连接，如图1-15所示。安装好后，左、右两条腿的位置应该是一前一后，效果如图1-16所示。

图1-15 腿部结构的安装

图1-16 安装完成效果

STEP 05 仿生双足机器人测试

仿生双足机器人的动力驱动部分使用的是乐高7.4V中型电机，如图1-17所示。它扭力强、噪声小，转速达540转/分，扭力达2.2千克。

仿生双足机器人的电源使用9V的乐高电池盒，即6节5号1.5V碱性电池或充电电池，如图1-18所示。电池盒按钮有三种状态，分别是正转、关闭和反转，可以通过拨动按钮对机器人的动作进行控制。

图1-17 乐高7.4V中型电机

图1-18 乐高9V电池盒

如图1-19所示，仿生双足机器人制作完成，同学们可以通过拨动电池盒的按钮控制机器人的前进、后退和停止，赶快来试试吧！

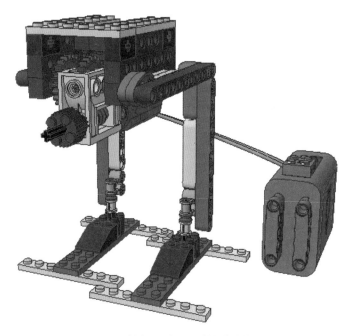

图1-19 仿生双足机器人制作完成效果

○ 拓展任务

请利用蜗轮、蜗杆传动原理，使用连杆结构制作一只仿生爬虫，如图1-20所示。

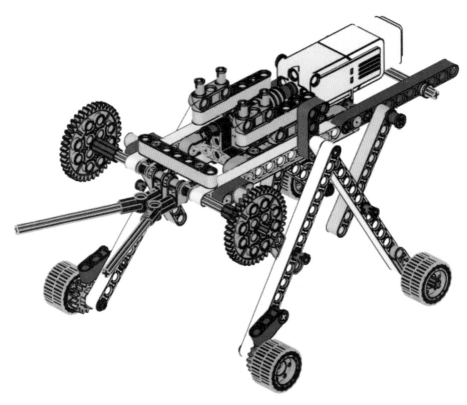

图1-20 仿生爬虫

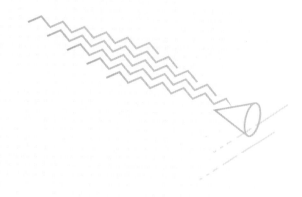

PART 02
无控制器光电循迹机器人

文/图 朱安琪（首都师范大学附属中学）

本章任务

在本书第一卷中，我们向同学们介绍过，现代机器人包括控制器、传感器、驱动器和执行器4个组成部分。如果只让机器人完成某些特定的简单任务，可以不使用控制器。在本章我们要制作的无控制器光电循迹机器人，是只使用数字光电循迹传感器和电机驱动模块就能完成简单轨迹循迹的机器人，单、双光电循迹机器人如图2-1所示。通过本章的学习，我们将进一步理解机器人循迹的基本原理，为今后学习带有控制器的循迹机器人打下坚实的基础。

a.单光电循迹机器人   b.双光电循迹机器人

图2-1 无控制器光电循迹机器人

任务要点

● 理解单光电循迹原理

● 理解双光电循迹原理

● 掌握光电循迹传感器的使用方法

● 理解电机驱动模块的控制原理

● 掌握使用面包板和杜邦线快速搭建实验电路的方法

○ 器材准备

如表2-1所示，制作无控制器光电循迹机器人所需的器材比较简单，主要包括结构件、光电循迹传感器、电机驱动模块和面包板等。其中光电循迹传感器、电机驱动模块是核心器件，其他器材读者可以使用手边的类似器材来制作。

表2-1 无控制器光电循迹机器人所需器材

器材图	名称与说明
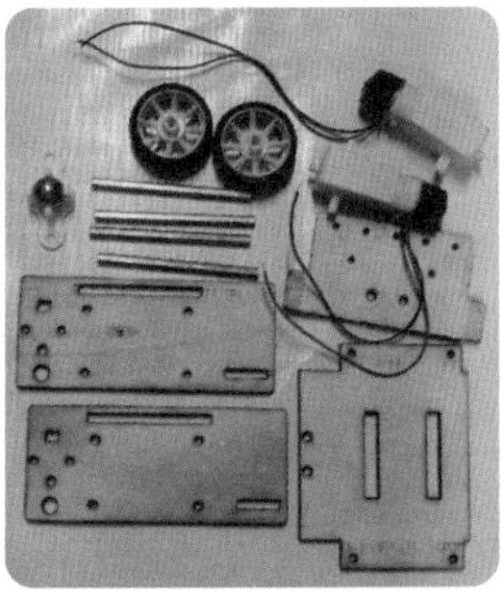	结构件 无控制器光电循迹机器人的底盘采用前3点式左、右差速底盘。支撑轮在机器人的前面，机器人后部的左、右两边各有一个TT减速电机，这两个电机工作电压为5V，转速50到100转/分均可
	光电循迹传感器 需要两个带有数字输出引脚的光电循迹传感器（左图中的D0引脚为数字输出引脚，即只输出高低电平），如果有可能采用红外光电循迹传感器效果会更好，因为红外光电传感器可以有效降低可见光的影响
	电机驱动模块 本例采用L298N电机驱动模块，该模块可以同时控制两路直流减速电机

（续表）

器材图	名称与说明
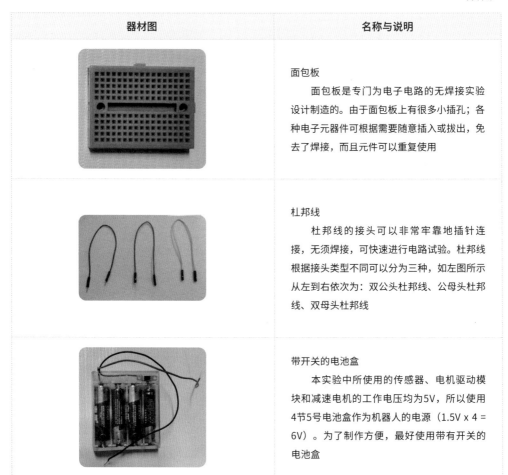	**面包板** 面包板是专门为电子电路的无焊接实验设计制造的。由于面包板上有很多小插孔；各种电子元器件可根据需要随意插入或拔出，免去了焊接，而且元件可以重复使用
	杜邦线 杜邦线的接头可以非常牢靠地插针连接，无须焊接，可快速进行电路试验。杜邦线根据接头类型不同可以分为三种，如左图所示从左到右依次为：双公头杜邦线、公母头杜邦线、双母头杜邦线
	带开关的电池盒 本实验中所使用的传感器、电机驱动模块和减速电机的工作电压均为5V，所以使用4节5号电池盒作为机器人的电源（1.5V x 4 = 6V）。为了制作方便，最好使用带有开关的电池盒

○ 制作步骤

Step 01 单光电循迹的原理

所谓单光电循迹，是指只使用一个光电循迹传感器进行循迹。通过完成单光电循迹机器人的软、硬件设计，可以了解机器人循迹的基本原理和调试方法，为进一步学习更为复杂的循迹机器人打下基础。如图2-2所示，单光电循迹机器人的光电传感器一般安装在机器人的正前方。严格来讲，单光电循迹机器人既不是沿黑线行进，也不

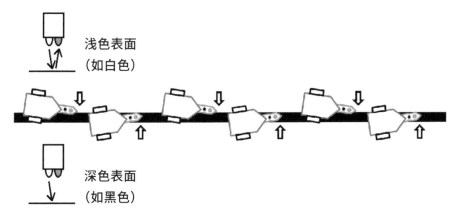

图2-2 单光电循迹原理

是沿白色背景行进，而是沿着黑、白边界线行进。当光电传感器探测到白色背景时会返回较多的光线，此时机器人向黑线偏转；当光电传感器探测到黑色时会返回较少的光线，此时机器人向白色背景偏转。单光电循迹机器人就是这样不断地在白色背景和黑线间交替行进的。

STEP 02 L298N 电机驱动模块的控制原理

如图2-3所示，L298N电机驱动模块为无控制器数字循迹机器人的核心器件之一。

L298N电机驱动模块具有适应电源范围广（5~12V均可使用）、可以同时控制两路直流电机工作和价格低等优点。表2-2列出了利用

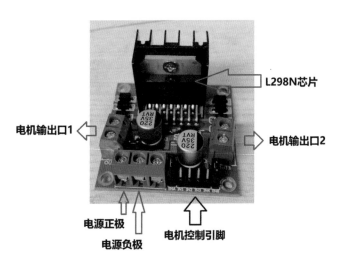

图2-3 L298N电机驱动模块

IN1、IN2、IN3和IN4控制两路电机的电平逻辑。

表2-2 L298N电机驱动模块的工作逻辑

接口IN1 电平状态	接口IN2 电平状态	电机输出口 1状态	接口IN3 电平状态	接口IN4 电平状态	电机输出口 2状态
高	低	正转	高	低	正转
低	高	反转	低	高	反转
高	高	停转	高	高	停转
低	低	停转	低	低	停转

从表2-2可以看出IN1和IN2共同控制电机输出口1，IN3和IN4共同控制电机输出口2。只有当IN1和IN2的控制电平不一致的情况下，在电机输出口1上所连接的电机才能转动；只有当IN3和IN4的控制电平不一致的情况下，在电机输出口2上所连接的电机才能转动。

STEP 03 数字光电循迹传感器

如图2-4所示，循迹传感器本质上是本书第一卷中介绍的反射式光电传感器的一种应用。其基本工作原理是，当循迹传感器在浅色（如白色）赛道上探测时，会有较多的光线被反射回来，此时循迹传感器会返回较高的电压（或较低电压）；反之当循迹传感器在深色（如黑色）赛道上探测时，只有较少的光线被反射回来，此时循迹传感器返回的电压较低（或电压较高）。通过检测循迹传感器的返回电压，就能知道机器人的运行状态并据此进行调整。根据循迹传感器的返回值的类型可以将循迹传感器分为数字循迹传感器和模拟循迹传感器两类。数字循迹传感器的返回值只有高、低两种，模拟循迹传感器则可以根据接收光线的强弱返回不同数值的电压。如图2-4a所示，在本章所使用的光电循迹传感器是一种具有双模式输出的循迹传感器，D0表示数字返回值接收引脚，A0表示模拟返回值接收引脚。当图2-4a中所示的循迹传感器处于浅色场地背景时，D0口输出低电平；当循迹传感器处于黑色轨迹线时，D0口输出高电平。

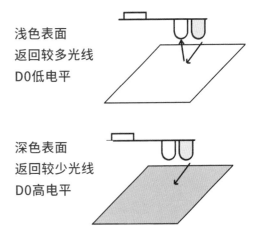

浅色表面
返回较多光线
D0低电平

深色表面
返回较少光线
D0高电平

a.数字光电循迹传感器
b.数字光电循迹传感器工作原理

图2-4 数字光电循迹传感器及其工作原理

STEP 04 无控制器单光电数字循迹机器人电路连接及工作原理

如图2-5所示，为无控制器单光电数字循迹机器人的电路连接原理图。从图2-5可以看出，机器人的右马达与L298N电机驱动模块的马达输出口1相连接，机器人的左马达与L298N电机驱动模块的马达输出口2相连接。L298N电机驱动模块由电池盒直接供电，电池盒的正极与L298N电机驱动模块的VCC接口相连，电池盒的负极与L298N电机驱动模块的GND接口相连。这里需特别注意IN1、IN2、IN3和IN4的连接方法。IN1和IN3均与光电循迹传感器的D0接口相连，IN2与5V相连，IN4与GND相连。光电循迹传感器的VCC与5V相连，GND与电池盒的负极也即GND相连。

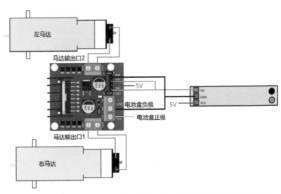

图2-5 无控制器单光电数字循迹机器人的电路连接原理

如图2-6所示，为无控制器单光电数字循迹机器人的工作原理图。如图2-6a所示，当机器人行驶在浅色背景上时，光电循迹传感器返回低电平，此时IN1、IN3、IN4均为低电平，只有IN2因为与5V相连接为高电平，即IN1低电平、IN2高电平，机器人的左轮正转；IN3和IN4低电平，机器人的右轮停止；机器人向左前方行驶。当机器人行驶到黑色轨迹时，光电循迹传感器返回高电平，此时IN1、IN2、IN3均为高电平，只有IN4因为与GND相连接为低电平；即IN1高电平、IN2高电平机，机器人的左轮停转；IN3高电平、IN4低电平，机器人的右轮正转；机器人向右前方行驶。无控制器单光电数字循迹机器人正是依靠这种方式沿着黑白交界线左、右交替行进的。请读者仔细理解无控制器单光电数字循迹机器人工作原埋。

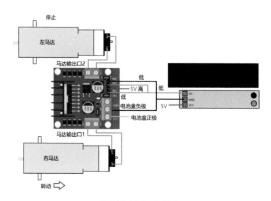

a.运行在浅色背景上

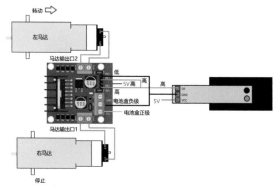

b.运行在黑色轨迹上

图2-6 无控制器单光电数字循迹机器人工作原理图

STEP 05 利用面包板，快速搭建无控制器单光电数字循迹机器人

前面我们已经介绍了无控制器单光电数字循迹机器人的连接方法和工作原理，下面我们将介绍如何利用面包板快速搭建无控制器单光电数字循迹机器人。

如图2-7所示，安装减速电机，请注意左、右减速电机的安装位置。

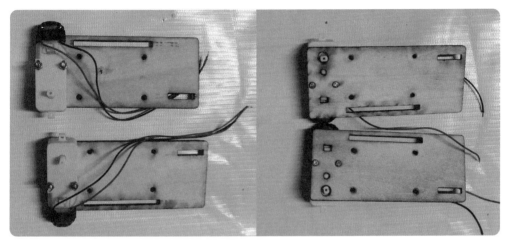

图2-7 安装减速电机

如图2-8所示，为循迹机器人安装4根M3×80的支撑铜柱。

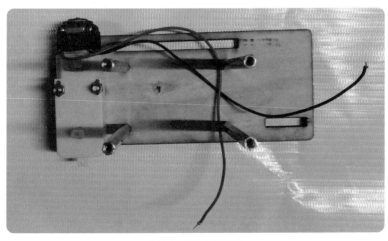

图2-8 安装支撑铜柱

如图2-9所示，将万向轮安装到机器人的前支撑板上。万向轮既可以起到支撑机器人的作用，也可以使机器人的转向更为灵活。

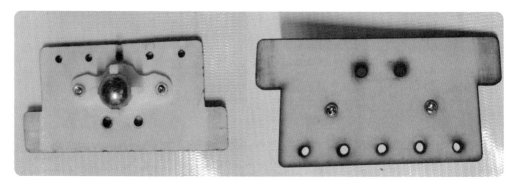

图2-9　安装万向轮

　　如图2-10所示，将带有万向轮的机器人前支撑板和底板插入已经安装了支撑铜柱的侧支撑板，并安装另外一侧的侧支撑板。

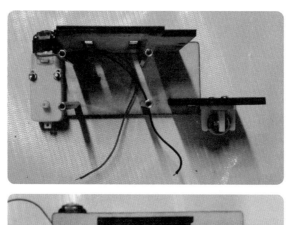

图2-10　安装侧支撑板

如图2-11所示，再给左、右电机安上轮子，机器人的车体部分就安装完成了。

图2-11 机器人车体安装完毕

如图2-12所示，用3根不同颜色的公母头杜邦线与光电循迹传感器相连，一般红色线表示此线与电源正极相连，黑色线表示此线与电源负极相连，橘红色或黄色线表示此线为信号线。需要注意的是，本例中我们使用光电循迹传感器的D0接口，不用A0接口。为光电循迹传感器接好杜邦线后，就可以把它用螺丝固定在机器人的前支撑板的中央位置了。

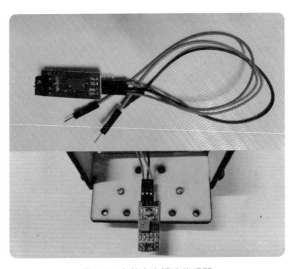

图2-12 安装光电循迹传感器

如图2-13所示，为了接线方便，我们为电池盒焊接了两条带有公头的杜邦线。

图2-13 为电池盒焊接杜邦线

如图2-14所示，使用热熔胶枪依次将电池盒、面包板和L298N电机驱动模块粘在机器人的底板上，安装的时候要注意将电池盒的开关位置留出。

a.安装电池盒　　　　　　　　　　　　　　　　b.安装面包板

c.安装L298N电机驱动模块

图2-14 安装电池盒、面包板和L298N电机驱动模块

为了方便读者理解后续的接线操作，需要先将面包板的内部构造简单介绍一下。如图2-15所示，面包板的正面一般是多个方形孔，背面内部由许多条凹槽构成，这些凹槽与正面的方形孔相对应，凹槽内部放有铝条，每5个竖着的方孔都是相通的（图2-15的红圈所示）。

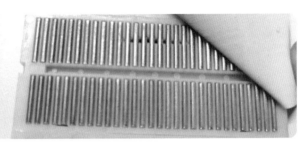

图2-15 面包板的内部结构

介绍完面包板的结构，就要开始插线了。在插线的过程中，特别要注意正、负极不能接错。因此在没有检查确认的情况下，不要打开电池盒的电源开关，以免因正、负极接错而烧毁光电循迹传感器或电机驱动模块。如图2-16所示，将连接电池的正、负极的杜邦线插到面包板上，红色线为电池盒的正极，黑色线为电池盒的负极。

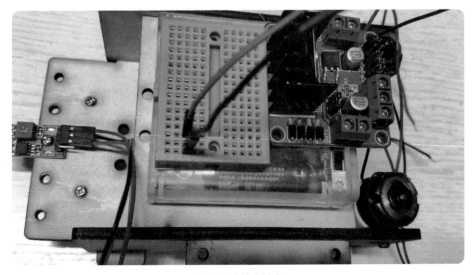

图2-16 连接电池盒

　　如图2-17所示，连接光电循迹传感器。将光电循迹传感器的正极和负极分别与电池盒的正极与负极相连，将连接D0接口的橘红色杜邦线单独插一列。

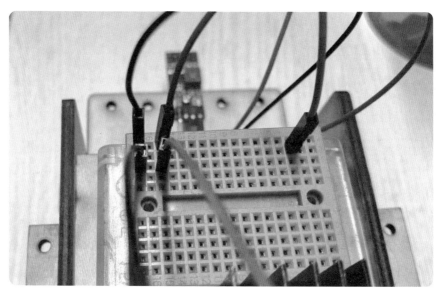

图2-17 连接光电循迹传感器

　　如图2-18所示，将左马达与L298N电机驱动模块的输出口2相连，右马达与L298N电机驱动模块的输出口1相连（图2-18两个黄圈所示的位置）。

图2-18 将左、右马达与L298N电机驱动模块连接

如图2-19所示，使用两个公母头杜邦线将IN1和IN3与光电循迹传感器的D0接口相连，这一步比较关键。将图2-19中黑色杜邦线的一头与IN1相连，另一头与D0接口连接线插在面包板的同一列，将图2-19中红色杜邦线的一头与IN3相连，另一头也与D0接口连接线插在面包板的同一列，这样IN1和IN3就与光电循迹传感器的D0接口连接在一起了。

图2-19 将IN1和IN3与光电循迹传感器的D0接口相连

接下来连接IN2和IN4。使用一根双母头的杜邦线将IN2与L298N电机驱动模块的5V相连（见图2-20中的黄色杜邦线），使用另一根双母头的杜邦线将IN4与L298N电机驱动模块的GND相连（见图2-20中的绿色杜邦线）。

图2-20 连接IN2和IN4

最后一步是为L298N电机驱动模块供电。如图2-21所示，使用两个双公头杜邦线为L298N电机驱动模块供电。红色杜邦线一头连接L298N电机驱动的VCC接口，另一端与面包板上插有电池盒正极的红色杜邦线插在一列，黑色杜邦线一头连接L298N的VCC接口，另一端与面包板上插有电池盒负极的黑色杜邦线插在一列。至此，无控制器单光电数字循迹机器人就全部安装、连接完成了。为了稳妥起见，建议读者检查一遍后，再开机调试。

图2-21 为L298N电机驱动模块供电

STEP 06 无控制器单光电数字循迹机器人的调试

当机器人的接线都准确无误后，就可以开始调试了。调试方法如下：

将电池盒上的开关接通后，将机器人分别放在场地的浅色背景和黑色轨迹线上，如果将机器人放在场地的浅色背景上，光电循迹传感器的绿色指示灯亮起，机器人的右电机正转，左电机停止（如图2-22a所示）；如果此时光电循迹传感器的绿色指示灯没有亮起，则用螺丝刀转动光电循迹传感器的灵敏度来调节电阻（光电循迹传感器上的蓝色方形电位器中间的十字），直到绿色指示灯亮起即可；接着将机器人放在场地的黑色轨迹上，光电循迹传感器的绿色指示灯熄灭，机器人的右电机静止，左电机正转（如图2-22b所示），则说明机器人工作正常。

a.机器人在浅色背景上　　　　　　　　　　　　b.机器人在黑色轨迹线上

图2-22 无控制器单光电数字循迹机器人的调试

　　如果接线正确，无控制器单光电数字循迹机器人其实是不需要太多调整的，除了光电循迹传感器灵敏度可能需要简单调节，电机的转动方向可能也需要调节。比如，如果将机器人放在场地的浅色背景上后，右电机反转，那么此时就可以按图2-23所示将右电机输出口的两个连接线交换一下位置，右电机即可恢复正转；如果左电机出现同样问题，也可以如此处理。

a.调整前　　　　　　　　　　　　　　　　b.调整后

图2-23 电机转动方向的调整

○ 拓展任务

无控制器双光电数字循迹机器人

　　根据图2-24所示的电路连接图和无控制器单光电数字循迹机器人的控制原理，制作一个无控制器双光电数字循迹机器人，并比较两者在循迹效率上的差异。

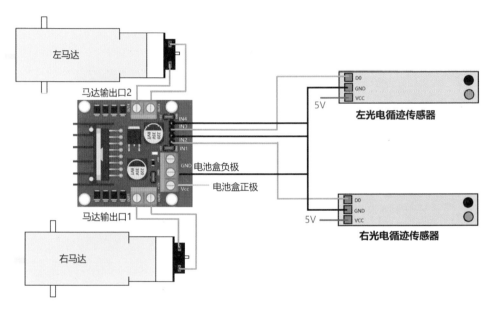

图2-24 无控制器双光电数字循迹机器人连接原理

○ 小提示

　　如图2-25所示，在制作无控制器双光电数字循迹机器人时，须特别注意两个光电循迹传感器的安装距离要比黑色轨迹线略宽。

图2-25 无控制器双光电数字循迹机器人
光电循迹传感器安装注意事项

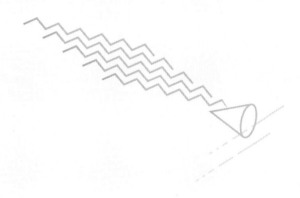

PART 03
循迹搬运机器人

文/图　杨善进（清华大学附属中学朝阳学校）　程金龙（北京市第一七一中学）

○ 本章任务

本书第一卷中介绍过，1921年，捷克剧作家恰佩克在剧本《罗素姆万能机器人》中第一次提出了Robot（机器人）这个词，其是从古代斯拉夫语Robota一词演变而来的。Robota的本意是强制劳动，由此不难看出，恰佩克所说的Robot就是一个替代人类从事繁重劳动的角色。如图3-1a所示，随着机器人技术的迅速发展，人们已经研发出多种多样的物流搬运机器人，把"快递小哥"从繁重的体力劳动中解放出来。在本章，我们也将设计并制作一个如图3-1b所示的循迹搬运机器人。

a.物流搬运机器人

b.循迹搬运机器人

图3-1 物流和循迹搬运机器人

○ 任务要点

● 单光电循迹原理及程序实现　　　　● 使用OLED显示屏

● 双光电循迹原理及程序实现　　　　● 舵机控制原理与程序实现

● 单光电比例循迹原理与程序实现

○ 器材准备

如图3-2所示，为搭建循迹搬运机器人所需的全部器材，其中Arduino Mega 2560控制板、减速电机、循迹传感器、舵机和OLED显示屏为核心器件。

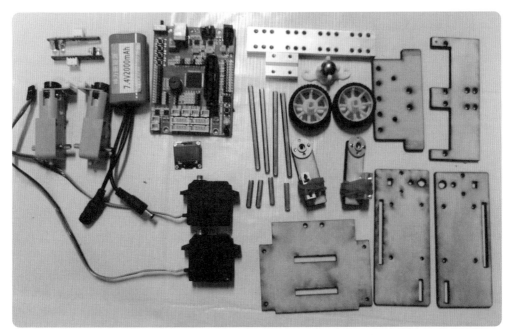

图3-2 搭建循迹搬运机器人所需器材

○ 制作步骤

STEP 01 组装循迹搬运机器人

步骤1：如图3-3所示，安装减速电机和支撑轮。

图3-3 安装减速电机和支撑轮

步骤2：如图3-4所示，安装用于连接左、右侧板的4个M3×80铜柱，并将左、右侧板固定好。

图3-4 左、右侧板的连接

步骤3：如图3-5所示，安装电池、固定控制板的4根M3×25铜柱和两个循迹传感器。

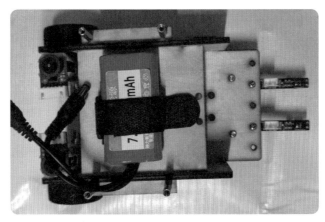

图3-5 安装电池、控制板支撑铜柱和循迹传感器

步骤4：如图3-6所示，安装Arduino Mega 2560控制板，需注意控制板的方向。将减速电机和循迹传感器与控制板进行连接。其中左电机连接到M3接口，右电机连接到M1接口；左循迹传感器连接在A2接口，右循迹传感器连接在A3接口。

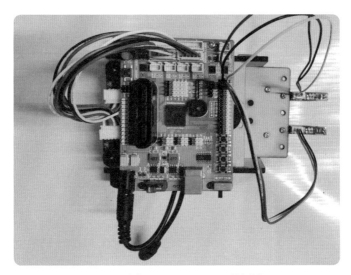

图3-6 安装Arduino Mega 2560控制板

步骤5：如图3-7所示，安装由两个舵机组成的机械手。

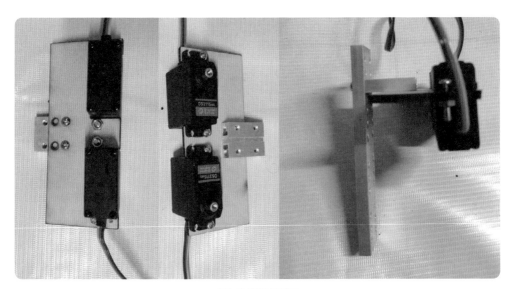

图3-7 安装机械手

步骤6：如图3-8所示，将机械手安装到循迹机器人上，左舵机接到Arduino Mega 2560的36接口，右舵机接到Arduino Mega 2560的37接口。

图3-8 将机械手安装到循迹机器人上

步骤7：如图3-9所示，将两个机械手臂安装到两个舵机上，整个循迹搬运机器人就组装完成了。

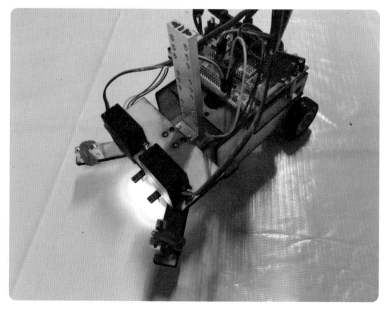

图3-9 组装完成的循迹搬运机器人

STEP 02 循迹搬运机器人的基本运行控制

循迹搬运机器人的基本运行控制包括电机正转与反转和速度控制。已知机器人的左轮电机的控制引脚为M3（6，32），机器人的右轮电机的控制引脚为M1（8，34）。使用过Arduino Mega 2560控制板的读者一定知道引脚6和引脚8是模拟输出引脚，它们可以输出PWM信号。PWM信号的取值范围为0~255之间的整数，0相当于数字输出引脚的低电平，255相当于数字输出引脚的高电平，因此引脚32和引脚34为数字输出引脚，只能输出高、低电平。

在实际使用时，引脚6和引脚32的高、低电平关系决定着左轮电机的转动方向，引脚8和引脚34的高低电平关系决定着右轮电机的转动方向。以左轮电机为例，如图3-10所示，如果图3-10a所示的程序使得左轮电机全速顺时针转动，那么图3-10b所示的程序就使得左轮电机全速逆时针转动，读者可以据此写出右轮电机全速逆时针转动和顺时针转动的控制程序。

a.顺时针全速转动

b.逆时针全速转动

图3-10 电机转动方向的控制（以左轮电机为例）

在机器人进行循迹的过程中不同类型的赛段机器人须使用不同的速度才能顺利通过。如果机器人行走在长直轨迹上时，可以以较高的速度通过；如果机器人正在通过弯道时，那么就需要适当地降低速度。更为重要的是，差速机器人底盘（依靠机器人左、右轮速度差实现机器人方向变化的底盘）对左、右轮速度的变化是实现机器人轨迹控制的关键。我们可以通过模拟输出引脚输出不同大小PWM信号来实现对机器人速度的控制。我们已经知道，Arduino控制板的模拟输出引脚可以输出0~255的PWM信号，如图3-11所示，以对循迹机器人左轮电机的速度控制为例，如果将模拟引脚6的输出数值设为200，数字引脚32的输出电平设为低，那么就可以实现机器人左轮电机以200速度顺时针转动；如果将模拟引脚6的输出数值设为255~200，数字引脚32的输出电平设为高，则可以实现机器人左轮电机以速度200逆时针转动。也就是说，利用模拟输出引脚的不同输出值和数字引脚的高低电平配合，可以实现对机器人电机转动方向和速度的控制，这是实现机器人循迹的关键。

图3-11 电机转动速度的控制（以左轮电机为例）

我们将机器人的运行状态分为前进、后退、原地左转、原地右转、左转和右转6个。如表3-1所示，如果机器人左、右轮电机以相同的速度顺时针转动，那么机器人会向前运动；如果机器人左、右轮电机以相同的速度逆时针转动，则机器人会向后运动；如果机器人左轮电机逆时针转动，右轮电机顺时针转动，且两轮的速度相同，那么机器人会原地左转；如果机器人左轮电机顺时针转动，右轮电机逆时针转动，且两轮的速度相同，那么机器人会原地右转。如果机器人的右轮电机速度大于左轮电机速度，那么机器人左转；反之，如果机器人的左轮电机速度大于右轮电机速度，那么机器人右转。需要特别注意的是，表3-1"实现程序"中所涉及的各个数值都需要根据实际循迹轨迹来进行调整。

表3-1 循迹机器人的基本运动控制

机器人左、右轮状态	机器人 运动状态	实现程序
	前进	模拟输出 管脚 # 6 赋值为 255 数字输出 管脚 # 32 设为 低 模拟输出 管脚 # 8 赋值为 255 数字输出 管脚 # 34 设为 低
	后退	模拟输出 管脚 # 6 赋值为 0 数字输出 管脚 # 32 设为 高 模拟输出 管脚 # 8 赋值为 0 数字输出 管脚 # 34 设为 高
	原地左转	模拟输出 管脚 # 6 赋值为 0 数字输出 管脚 # 32 设为 高 模拟输出 管脚 # 8 赋值为 255 数字输出 管脚 # 34 设为 低
	原地右转	模拟输出 管脚 # 6 赋值为 255 数字输出 管脚 # 32 设为 低 模拟输出 管脚 # 8 赋值为 0 数字输出 管脚 # 34 设为 高
	左转	模拟输出 管脚 # 6 赋值为 127 数字输出 管脚 # 32 设为 低 模拟输出 管脚 # 8 赋值为 255 数字输出 管脚 # 34 设为 低
	右转	模拟输出 管脚 # 6 赋值为 255 数字输出 管脚 # 32 设为 低 模拟输出 管脚 # 8 赋值为 127 数字输出 管脚 # 34 设为 低

○ 获取光电传感器的返回值

如图3-12a所示，循迹传感器本质上是本书第一卷中介绍的反射式光电传感器的一种应用，其基本工作原理是当循迹传感器在浅色（如白色）赛道上探测时会有较多的光线被反射回来，此时循迹传感器会返回较高的电压；反之当循迹传感器在深色（如黑色）赛道上探测时只会有较少的光线被反射回来，此时循迹传感器返回的电压较低。通过检测循迹传感器的返回电压，就能知道机器人的运行状态并据此进行调整。根据循迹传感器返回值的类型可以将循迹传感器分为数字循迹传感器和模拟循迹传感器两类。数字循迹传感器的返回值只有高、低两种，模拟循迹传感器可以根据接收光线的强弱，返回不同数值的电压。如图3-12b所示，为一种具有双模式输出的循迹传感器，D0表示数字返回值接收引脚，A0表示模拟返回值接收引脚。如图3-12c所示，是循迹机器人要用到的模拟输出循迹传感器，其输出的返回值是模拟量，即循迹传感器接收到的反射光线越多，返回的电压值越高。

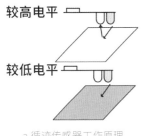

a.循迹传感器工作原理　　　　b.双模式循迹传感器　　　　c.模拟输出循迹传感器

图3-12 循迹传感器及其工作原理

如图3-13a所示，由于机器人所使用的循迹传感器是模拟循迹传感器，因此将循迹传感器安装在机器人前面的中间位置。如图3-13b所示，将循迹传感器连接在Arduino控制板的A2模拟输入端口，请注意连接线的颜色要与A2接口座的颜色一一对应（黄色线为信号线、红色线为电源正极接5V，黑色线为负极接地线）。

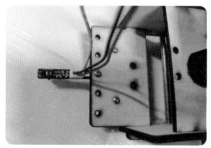

a.单光电循迹机器人循迹传感器安装位置　　b.循迹传感器与Arduino控制板的连接

图3-13 单光电循迹机器人循迹传感器的安装

　　如何利用串口显示循迹传感器的返回值呢？先在程序的初始化模块中对串口进行初始化，然后声明一个"循迹中"的全局变量用来存储循迹传感器的返回值。在循环模块中首先获取模拟输入引脚A2的返回值并将其存储在变量"循迹中"内，再通过串口打印语句输出到串口监视器，每隔1000毫秒重复上述过程一次，如图3-14a所示。图3-14b所示为循迹传感器在白色赛道背景和黑色轨迹上的返回值，133是循迹传感器在白色赛道背景上的返回值，38是循迹传感器在黑色轨迹上的返回值。如果循迹机器人上装有多个循迹传感器，则需要逐一测量和记录每一个循迹传感器在赛道背景和轨迹上的返回值。

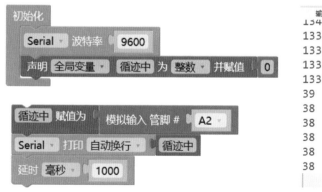
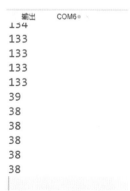

a.串口显示返回值　　　　　　　　　　　b.显示的返回值

图3-14 利用串口显示循迹传感器的返回值

虽然利用串口显示循迹传感器的返回值比较简单，不需要额外增加硬件，但查看时必须将机器人与电脑进行连接，而且当循迹场地比较大时或者机器人运动时，利用串口查看循迹传感器的返回值就不方便了。在这种情况下，可以借助IIC接口的OLED显示屏来查看循迹传感器在赛道不同位置的返回值，如图3-15a所示。

OLED显示屏利用有机电自发光二极管制成，与普通的液晶显示屏相比，其具有不需背光源、对比度高、厚度薄、视角广、反应速度快等优点。如图3-15b所示，为IIC接口的OLED显示屏与Arduino Mega 2560控制板的连接效果，其连接方式如表3-2所示。

a.OLED显示屏   b.OLED显示屏与Arduino控制板连接

图3-15 OLED显示屏与Arduino控制板的连接

表3-2 IIC接口的OLED显示屏与常用Arduino控制板的连接方式

OLED显示屏	Arduino UNO	Arduino Mega 2560
GND	GND	GND
VCC	5V	5V
SCL	A5	21
SDA	A4	20

如图3-16所示，为利用OLED显示屏显示循迹传感器返回值程序，和图3-14所示的利用串口显示循迹传感器的返回值一样，都是将循迹传感器的返回值存储在"循迹中"这个变量内。不同的是，前者在初始化模块中建立了一个OLED显示屏对象，将其命名为u8g2。OLED所使用的显示屏的控制芯片为SSD1306，其SDA引脚和SCL引脚分别与Arduino Mega 2560控制板的20引脚及21引脚相连，设备地址维持0x3C不变。需要注意的是，为了连续显示循迹传感器的返回值，需要不断刷新显示屏u8g2。可以将刷新的语句编写成子程序page1，并在page1内设置显示的字体、字号，已经显示的位置和内容。通常，读者可以自行修改page1内的相关参数，并体会各个参数的作用。

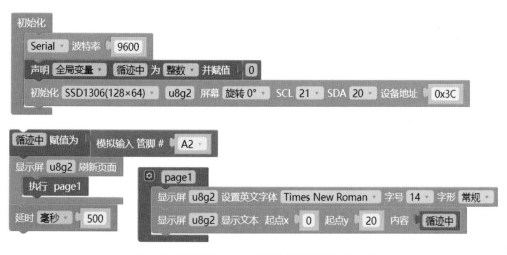

图3-16 利用OLED显示屏显示循迹传感器返回值程序

STEP 03 单光电循迹原理与程序实现

所谓单光电循迹是指只使用一个光电循迹传感器进行循迹，其原理如图3-17所示。通过完成单光电循迹机器人的软、硬件设计可以了解机器人循迹的基本原理和调试方法，为进一步学习更为复杂的循迹机器人打下基础。严格来讲，单光电循迹机器人既不是沿黑线行进，也不是沿白色背景行进，而是沿着黑、白边界线行进。当光电传感器探测到浅色背景时会返回较多的光线，此时让机器人向黑线偏转；当光电传感器探测到黑色时会返回较少的光线，此时让机器人向白色背景偏转。单光电循迹机器人就是这样不断地在白色背景和黑线间交替行进。

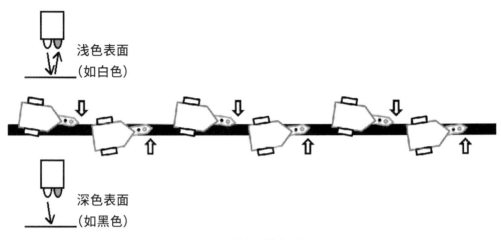

图3-17 单光电循迹原理

为了实现单光电循迹，必须先测定临界值，可以利用图3-14或图3-16所示的程序测定临界值。先测试白色背景的返回值，记为g1，再测试黑色轨迹上的返回值，记为g2，则临界值lin = $\frac{g1+g2}{2}$。假设白色背景的返回值g1 = 130，黑线上的返回值g2 = 40，则lin = $\frac{130+40}{2}$ = 85。

在得到临界值后，就可以根据临界值编写单光电循迹程序，如图3-18所示为单光电循迹程序"光电传感器接在A2端口，左侧电机接在M3上（6，32端口），右侧电机接在M1上（8，34端口）"。

在程序的初始化模块中声明两个变量——"循迹中""临界值"。变量"循迹中"存储由循迹传感器返回的场地情况，变量"临界值"为向左纠偏和向右纠偏的依据，前面已经介绍过测定方法。本程序的核心是子程序"单光电循迹"，该子程序的设计思路就是单光电循迹的原理，如果循迹传感器的返回值大于临界值，则机器人向黑线纠偏前进；反之当循迹传感器的返回值小于临界值，机器人则向白色背景纠偏前进。

初始化
声明 循迹中 为 整数▼ 并赋值 0
声明 临界值 为 整数▼ 并赋值 85

单光电循迹 参数: x
执行 数字输出 管脚 # 32▼ 设为 低▼
数字输出 管脚 # 34▼ 设为 低▼
使用 i 从 1 到 x 步长为 1
执行 循迹中 赋值为 模拟输入 管脚 # A2▼
如果 循迹中 > 临界值
执行 模拟输出 管脚 # 6▼ 赋值为 150
模拟输出 管脚 # 8▼ 赋值为 50
否则 模拟输出 管脚 # 6▼ 赋值为 50
模拟输出 管脚 # 8▼ 赋值为 150
延时 毫秒▼ 1
模拟输出 管脚 # 6▼ 赋值为 0
模拟输出 管脚 # 8▼ 赋值为 0

如果 数字输入 管脚 # 29▼ = 低▼
执行 重复 满足条件▼ 数字输入 管脚 # 29▼ = 低▼
执行 延时 毫秒▼ 1
执行 单光电循迹 参数:
x 3000

图3-18 单光电循迹程序

在单光电循迹程序中有一个特别需要注意的问题是，设置合适的纠偏量。纠偏量是由车速差和纠偏时间的乘积决定的。如果循迹线较窄，则纠偏量要小；如果循迹线较宽，则纠偏量可以适当加大。如图3-19a所示，纠偏量过大，可能导致机器人转向过度，在直线路径上脱轨。如图3-19b所示，纠偏量过小，可能导致机器人转向不足，在行走到角度大的路线时脱轨。因此，对于单光电循迹机器人来说，必须结合线路的实际情况，为其设置恰当的纠偏量。

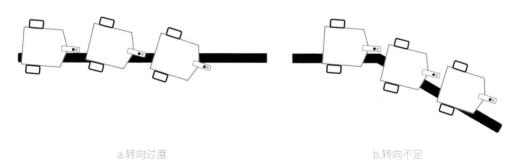

a.转向过度   b.转向不足

图3-19 转向过度与转向不足

STEP 04 双光电循迹原理与程序实现

单光电循迹只能完成没有轨迹交叉的简单路径，且由于机器人在循迹过程中持续左右摆动而不能按照直线行进，循迹效率较低。而双光电循迹则能避免这样的缺点，因此在本节中，我们将向读者介绍双光电循迹程序的编写方法。

所谓双光电循迹机器人，就是使用2个反射式光电循迹传感器进行循迹、探测的机器人（见图3-20）。如图3-21所示，双光电循迹机器人在循迹过程中可能遇到以下4种情况：

（1）左侧循迹传感器返回值＞临界值且右侧循迹传感器返回值＞临界值，机器人直行，如图3-21a所示；

（2）左侧循迹传感器返回值＜临界值且右侧循迹传感器返回值＞临界值，机器人向左纠偏，如图3-21b所示；

（3）左侧循迹传感器返回值＞临界值且右侧循迹传感器返回值＜临界值，机器人向右纠偏，如图3-21c所示；

（4）左侧循迹传感器返回值＜临界值且右侧循迹传感器返回值＜临界值，机器人停止，如图3-21d所示。

图3-20 双光电循迹传感器安装位置

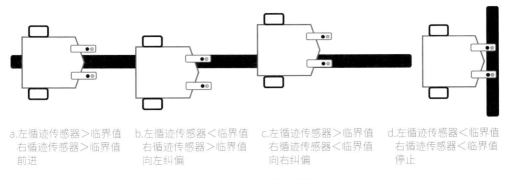

a.左循迹传感器＞临界值　　b.左循迹传感器＜临界值　　c.左循迹传感器＞临界值　　d.左循迹传感器＜临界值
　右循迹传感器＞临界值　　　右循迹传感器＞临界值　　　右循迹传感器＜临界值　　　右循迹传感器＜临界值
　前进　　　　　　　　　　　向左纠偏　　　　　　　　　向右纠偏　　　　　　　　　停止

图3-21 双光电循迹原理

与单光电循迹机器人一样，在双光电循迹机器人的程序设计中第一步要完成的工作也是对光电传感器临界值的确定。如图3-22所示，为利用OLED显示屏同时显示两个循迹传感器返回值的程序。从结果可以看出，有两个循迹传感器，且它们的临界值有可能不同，那么如何确定一个同时满足两个循迹传感器的公用临界值呢？具体做法是，首先，分别测得左、右循迹传感器在白色背景和黑色轨迹线上的返回值，则临界值公式为：（白色背景较小返回值+黑线较大返回值）/2。（见表3-3）

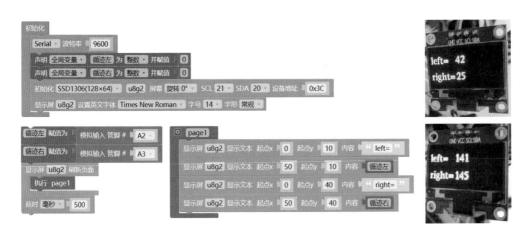

图3-22 利用OLED显示屏同时显示两个循迹传感器返回值

表3-3 双光电循迹机器人临界值的确定方法

传感器 返回值	左循迹传感器 （A2接口）	右循迹传感器 （A3接口）
白色背景返回值	141	145
黑线返回值	42	25

两个循迹传感器公用的临界值为：$\lin = \dfrac{141+42}{2} = 91.5 \approx 92$（四舍五入）

如图3-23所示，为双光电循迹程序。这里请大家结合单光电循迹程序的编程思路学习双光电循迹程序的编程。

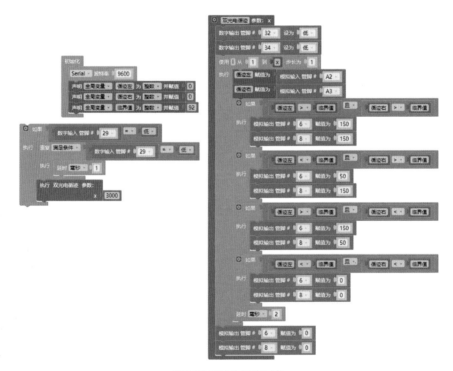

图3-23 双光电循迹程序

STEP 05 单光电比例循迹原理与程序实现

当用单光电循迹法编写循线程序时，将机器人对应黑线的位置分成两种：

1.黑色

2.白色

黑与白之间的界线，我们称为"临界值"。在一般的应用环境中，临界值的计算方法是：黑色线反射光值与白色背景反射光值的平均值。这种算法也经常被简称为"白加黑除二"。

假设机器人的白色反射光值约为130，黑色反射光值约为40，经过计算，得临界值为85。在这里，大于临界值的一律算作"白色"，小于临界值的则一律算作"黑色"。这是一个"非黑即白"的机器人，没有第三种答案。

这时有读者也许会发现一个问题：如果反射光值恰好是临界值，那么是黑色还是白色呢？实际上，在单光电循线中，并不需要纠结这个问题，把它算作黑色或者白色均可，因为此时机器人只会根据反射光临界值作为判断依据，进行向右修正或向左修正，而不会有直行的动作，表现在行进路线上，就是一条折线。

如何让机器人变得更聪明呢？让我们一起看看图3-24a是不是有些启发？在"三分法"循线中，将接近临界值的一个区间单独处理：当反射光值处于这个区间的时候，说明机器人偏离得并不严重，可以让它直行，这样就把机器人的位置从两种状态细分成了3种状态，机器人多了直行的可能，循线行进的轨迹会平顺一些，同时编写程序的工作量也会增加。

类似的，我们可以继续将反射光值进行细分：将反射光值分成5个区间，分别对应不同的反射光值，如此，机器人便可根据自己的偏离情况分别做出向右、微向右、直行、微向左和向左修正5种动作（见图3-24b）。"五分法"在让机器人的行进轨迹变得更加平顺的同时，也让编写程序的工作量进一步增加。

按照这样的方法，可以将机器人的反射光值分成更多区间，如9个区间、13个区间等。随着细分的份数越多，行进轨迹越平顺，编写程序的工作量也越庞大。

采用单光电循迹法编写机器人循线程序，反射光值分得越细，编程的工作量就越大。可见，这不是最佳的循线编程方法。因此，我们需要使用单光电比例循迹法这种简单的编程方法来编写机器人循线程序。

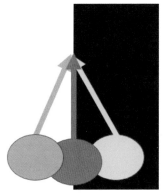

a."三分法"单光电循迹原理

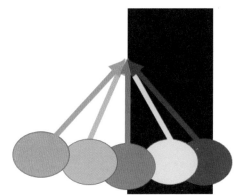

b."五分法"单光电循迹原理

图3-24 "三分法""五分法"单光电循迹原理

　　假定机器人直行时的左、右两个轮子的速度都是150，阈值是85。如果把左轮子的速度减少10，右轮子的速度增加10，两个轮子的速度分别变为140和160，此时机器人会非常平缓地向左偏转修正；如果把左轮子的速度减少20，右轮子的速度增加20，两个轮子的速度分别变为130和170，此时机器人会中等幅度地向左偏转修正；如果把左轮子速度减少40，右轮子速度增加40，两个轮子的速度分别变为110和190，此时机器人会非常强烈地向左偏转修正。

为了很好地理解比例循线，下面给出一个"伪代码"的算法公式：

左轮速度 = 基础功率 −（反射光值−阈值）× 比例参数

右轮速度 = 基础功率 ＋（反射光值−阈值）× 比例参数

可以根据上述算法公式写一段代码，让机器人循线。

首先，假定一个数据环境，这个环境也是大家在编写程序之前必须要通过测试才能得到的数据。

光电传感器接口：A2　　白：130　　黑：40　　阈值：85

左马达：6调速，32方向　　高电平正方向，PWM调波：0最快，255停

右马达：8调速，34方向　　高电平正方向，PWM调波：0最快，255停

将图3-25程序上传到机器人进行测试，在测试过程中，机器人可能会出现剧烈摇摆的情况，这时，可以推断出机器人的修正强度过大，应将程序中的比例参数P适当降低；反之，如果机器人出现飞线情况，则应将程序中比例参数P适当增大。通过反复测试，找到适当的比例参数P，也就完成了比例循线程序的编写。

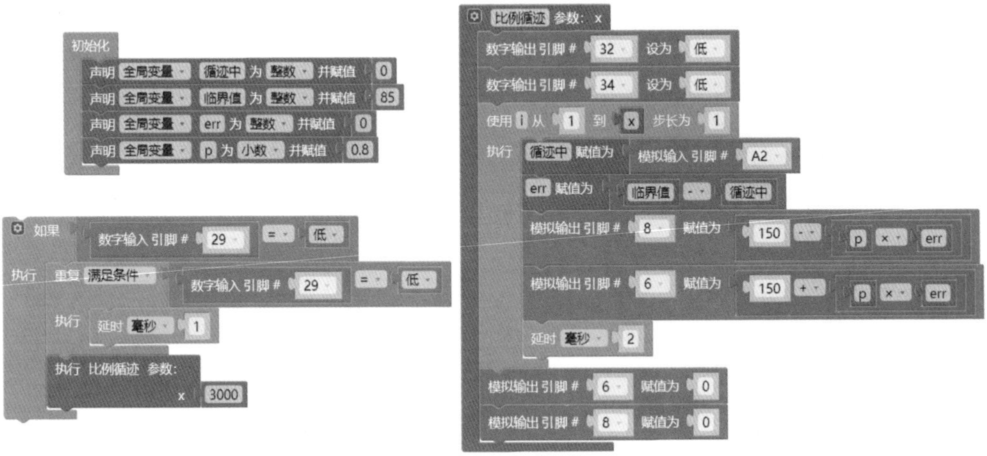

图3-25 单光电比例循迹程序

需要特别注意的是，在范例代码中，左轮速度使用了加法运算，右轮速度使用了减法运算。这是因为在范例机器人中，0代表最高速度，255代表最低速度。

拓展任务

请读者按照单光电比例循迹程序编写方法编写双光电比例循迹程序。

使用舵机

舵机是一种位置（角度）伺服的驱动器，适用于那些需要角度不断变化并可以保持的控制系统，在高档遥控玩具（如飞机、潜艇模型、遥控机器人）中已经得到了普遍应用（见图3-26a）。如图3-26b所示，舵机主要由外壳、电路板、驱动马达、减速齿轮与位置检测元件所构成。其工作原理是由接收机发出信号给舵机，经由电路板上的 IC驱动无核心马达开始转动，通过减速齿轮将动力传至摆臂，同时由位置检测器送回讯号，判断是否已经到达定位。位置检测器其实就是可变电阻，当舵机转动时电阻值也会随之改变，由检测电阻值便可知转动的角度。

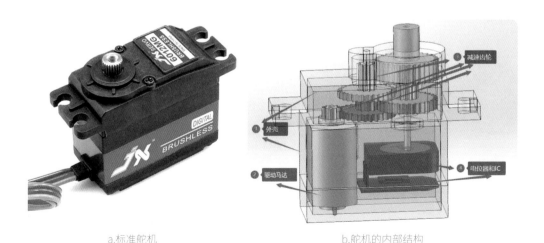

a.标准舵机　　　　　　　　　　　　　b.舵机的内部结构

图3-26 标准舵机及其内部结构

如图3-27所示，为180度舵机的控制原理。180度舵机的控制信号是一个20毫秒的周期信号，当在这20毫秒的周期信号中有0.5毫秒的高电平、19.5毫秒的低电平时，舵机转动角度为0度；当在这20毫秒的周期信号中有1毫秒的高电平、19毫秒的低电平时，舵机转动角度为45度；当在这20毫秒的周期信号中有2.5毫秒的高电平、17.5毫秒的低电平时，舵机转动角度为180度。

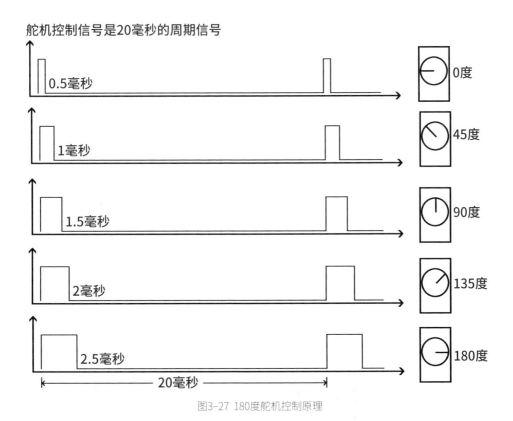

图3-27 180度舵机控制原理

循迹搬运机器人的左舵机的控制引脚为36，右舵机的控制引脚为37。如图3-28a所示，为根据舵机工作原理编写的控制程序，当按下轻触按键【29】后会执行10次36引脚高电平1毫秒、低电平19毫秒，此时机器人左边的舵机会转动到45度的位置；当按下轻触按键【28】后会执行10次36引脚高电平2毫秒、低电平18毫秒，此时机器人左边舵机会转动到135度的位置。如图3-28c所示，为使用Mixly软件中自带的舵机控制模块编写的控制机器人右边舵机的程序；当按下轻触按键【27】后，机器人右边的舵机会转动到45的位置；当按下轻触按键【26】后机器人右边的舵机会转动到135度的位置。

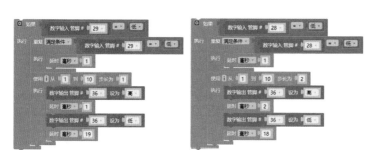

a.根据舵机控制原理控制舵机

b.机械手闭合

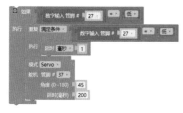

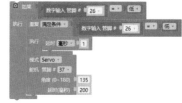

c.使用舵机控制模块控制舵机

d.机械手打开

图3-28 舵机控制程序

综合任务

在本章的最后我们一起完成一个循迹搬运的综合任务。这个任务模仿了一个物流场地中循迹搬运机器人的工作过程。如图3-29所示，循迹搬

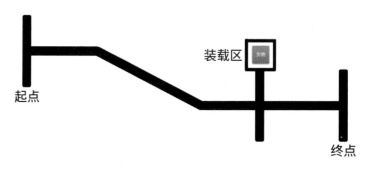

图3-29 综合任务场地

运机器人从起点线出发后，循迹到装载区，获取货物后再将货物运送到终点。

○ 任务分析

在完成一个较为复杂的任务时，最好先做一个任务分析，把任务分为若干个子任务，再根据拆分的子任务编写对应的子程序，这种模块化的程序设计思想有助于提高完成任务的效率。本任务由于循迹路线上有十字路口和丁字路口，所以应该采用两个循迹传感器进行循迹，在进入装载区获取货物的时候，机器人还需要进行原地左转和右转；同时由于需要搬运货物，要使用两个舵机组成机械手安装在机器人的前部，并编写控制机械手打开和关闭的程序。如图3-30所示，为机器人完成全部任务的运行路线图。

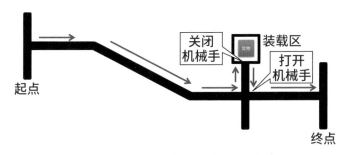

图3-30 机器人完成全部任务的运行路线图

要想理解综合任务的全部程序，需要将循迹搬运机器人（见图3-31）的全部硬件的控制接口梳理清楚（见表3-4）。

表3-4 循迹搬运机器人硬接口分配

硬件设备	控制接口
左电机	（6，32）
右电机	（8，34）
左循迹传感器	A2
右循迹传感器	A3
左舵机	36
右舵机	37
启动按键	29

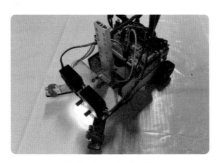

图3-31 循迹搬运机器人

如图3-32所示为完成综合任务所需要的所有子程序，下面对各个子程序作简单说明：

双光电循迹子程序的主要作用是实现沿轨迹行走，双光电循迹的原理前面我们已经详细讲过，这里不再赘述。唯一需要读者注意的是，在执行综合任务时，两个循迹传感器的返回值如果都小于临界值，那么这说明机器人行驶到了十字路口或者丁字路口（比如行驶到终点线），这时需要机器人停止后执行其他子程序。

"打开机械手""关闭机械手"子程序是利用Mixly自带的舵机控制模块改变左、右舵机的角度，从而实现抓取和放开货物的动作。需要注意的是，机器人要在行驶到货物装载区之前打开机械手，否则打开机械手的动作会影响货物的位置。

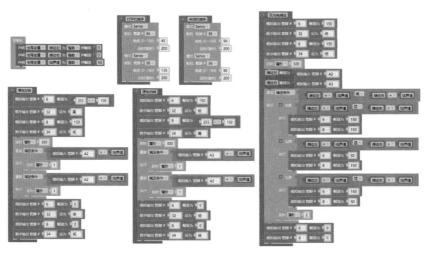

图3-32 综合任务的子程序设计

　　"原地左转""原地右转"子程序主要是为了使机器人行驶到货物装载区。两个子程序的工作原理类似，下面以"原地左转"子程序来说明。为完成原地左转动作，首先让机器人的右轮顺时针转动、左轮逆时针转动，然后等待左侧循迹传感器见到轨迹线，再继续旋转，直到左侧循迹传感器脱离轨迹线。如图33a～图33d所示，如果在十字路口执行"原地左转"子程序，则机器人原地左转90度；如图33e～图33h所示，如果在轨迹上执行"原地左转"子程序，则机器人原地左转180度，相当于原地左转掉头。依次，读者可以自行尝试理解"原地右转"子程序的编程逻辑。

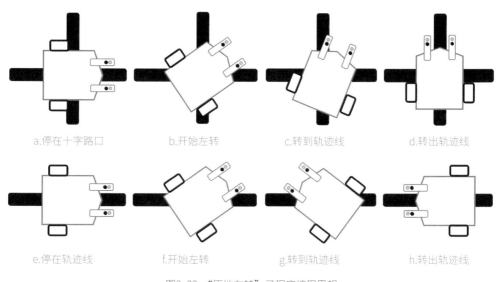

图3-33　"原地左转"子程序编程思想

　　如图3-34所示，为综合任务的主程序。将循迹搬运机器人放置于起点线后，轻触按键【29】，待松手后，机器人就会完成全部循迹和搬运动作。在调试综合任务主程序时需注意以下三点：

　　第一，要逐一调试各个子程序，在保证各个子程序运行成功的基础上再调试主程序。

　　第二，在调试时，各个子程序之间要增加延时模块以便观察各个子程序是否运行正确，待全部子程序序列都运行成功后再逐渐减小各个子程序之间的延时时间，但

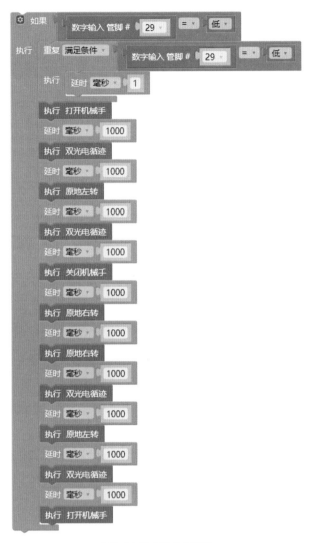

图3-34 综合任务主程序

也不宜减得过小，以不少于500毫秒为宜，特别是在执行"打开机械手""关闭机械手"子程序时，一定要保留足够长的延时以等待机械手动作执行完毕。

第三，机器人完成任务是否成功与机器人的电池电压、环境光线、场地平整度等多种因素有关，因此在调试时需仔细体会不同因素对机器人执行程序的影响，做到以不变应万变。

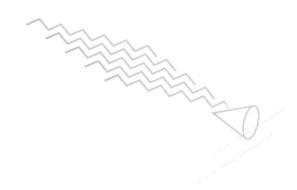

PART 04
相扑机器人

文/图　律原（首都师范大学）　梁潆、崔更新（北京理工大学附属小学）

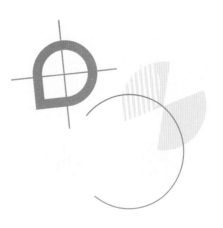

◦ 本章任务

　　相扑是指两人在土表中角力的一种格斗技术，一方将对手扳倒或推出土表外即为胜者。土表即土台，高度40～60厘米，727厘米见方。土台中央为直径455厘米的圆形比赛场地。相扑现在已经成为日本的国技，它是国际性的格斗术和体育运动。随着机器人技术的进步和机器人科普活动的开展，人们开始将相扑的运动与机器人技术结合在一起，促进了机器人相扑活动的兴起，如图4-1所示，为相扑比赛及相扑机器人。早在1990年3月，日本第一届机器人相扑大会在东京召开。由于这届大会的成功举办，加之其得到了教育界和科技界的有力支持和积极参与，使得机器人相扑成为日本常设的比赛项目。本章我们就来制作一台相扑机器人，它既可以遥控对战又可以自主地进行比赛。

图4-1 相扑比赛（左）和相扑机器人（右）

◦ 任务要点

● 了解相扑机器人的比赛规则和比赛策略

● 理解相扑机器人结构设计要点

● 掌握麦克纳姆轮行进方向的控制原理

● 熟练掌握PS2遥控手柄的编程方法

● 掌握超声波传感器和光电循迹传感器在相扑机器人竞赛中的应用

○ 器材准备

在介绍制作相扑机器人所使用的器材之前，我们先简单介绍一下机器人相扑比赛的一般规则和比赛策略。虽然不同的相扑机器人比赛主办方制定的比赛规则略有差异，但大部分机器人相扑比赛的规则有如下的6个共同点：

1. 相扑机器人的比赛场地是一个高约5厘米、直径约154厘米的圆形台面。台面上敷以黑色的硬质橡胶，硬质橡胶的边缘处涂有约为5厘米宽的白线，或者台面上是白色、边缘处是黑线（见图4-2）。

图4-2 机器人相扑比赛

2. 相扑机器人的长和宽分别在20厘米以内，虽然对机器人的高度并没有限制，但要求机器人的重量不得超过3kg。

3. 相扑机器人可以在比赛后开始展开，但不可以分散成不同部件，而且必须一直保持一个紧凑的机器人状态，机器人的足部在比赛中不可展开。

4. 相扑机器人必须是自动的。任意的控制器都可以被使用，只要部件在机器人上即可，并且控制器不得和任何外部控制系统接触。

5. 一方机器人将对方的机器人顶翻或者完全将其推出界外则为胜。

6. 比赛时除了机器人，其他人员及物品要远离比赛区域，以免产生干扰。

根据机器人相扑比赛的规则，可以采用以下的4种比赛策略。

1. 机器人可以利用光电传感器识别白色来判断是否出界，利用超声波传感器、触碰传感器等传感器来识别对手以便进攻。

2. 尽管相扑机器人的身高不受限制，但一则考虑到体重的限制，二则出于降低重心增加稳定性的考虑，实际参赛的相扑机器人的身材不能太高，而且应该尽量接近机器人相扑比赛规则所规定的重量上限。

3. 为了防止被对手推下赛台，相扑机器人应该采取摩擦力大的轮子。在必要时，可以在自己的底盘上安装吸附装置。

4. 为了让相扑机器人具有更大的扭矩，可以采用扭矩较大的电机来驱动，也可以在此基础上继续采用减速的齿轮装置来进一步增大扭矩。

根据以上对机器人相扑比赛规则的分析，我们制作的相扑机器人采用麦克纳姆轮结构，并使用4个低转速大扭力金属减速电机驱动机器人，利用超声波传感器发现对手，4个光电循迹传感器防止出界，为掀翻对手还增加了机械铲的结构。相扑机器人可以采用自控或遥控双模式工作。制作相扑机器人所需的主要器材如表4-1所示。

表4-1 相扑机器人器材表

器材图示	器材名称及简要说明
	结构件 为了得到较大的力量，相扑机器人采用左、右各两个金属减速电机的结构，所需结构件由4毫米的椴木层板利用激光雕刻机加工而成，为了加强结构强度，采用2根128毫米宽度的铝制型材加固。为掀翻对手，增加了机械铲的结构，故而相扑机器人的结构件较多

（续表）

器材图示	器材名称及简要说明
	金属减速电机及麦克纳姆轮 为了使相扑机器人行动灵活并最大限度地增加进攻力量。相扑机器人使用麦克纳姆轮结构，使用4个GA25金属减速电机工作，电机为5～7V，转速为77转/分钟，可以兼顾大扭力和移动的灵活性
	超声波传感器 HC-SR04超声波，控制简单、探测距离远、探测盲区较小，用来判断机器人与对手的位置关系
	光电循迹传感器 与我们在其他章节使用过的模拟输出光电循迹传感器一样，用来判断机器人是否就要出界。相扑机器人为了判断准确，使用4个光电循迹传感器
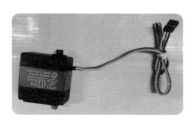	双出轴舵机 控制逻辑与标准舵机一致，可以固定在0度到90度中任意角度。为机械铲提供驱动力，相扑机器人在比赛中可以使用机械铲将对手掀起后再将对手推出边界
	Arduino Mega机器人主控板 Arduino Mega机器人控制板带有多组串口，方便接收MPU6050发送的数据，而且控制板上带有电机驱动芯片和编码器电机的接口

（续表）

器材图示	器材名称及简要说明
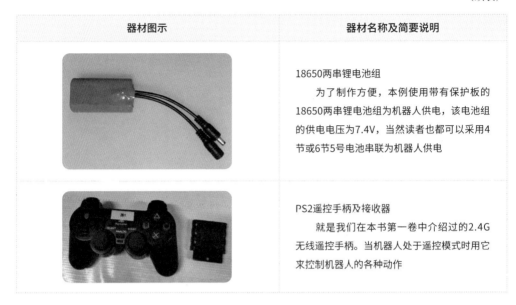	18650两串锂电池组 　　为了制作方便，本例使用带有保护板的18650两串锂电池组为机器人供电，该电池组的供电电压为7.4V，当然读者也都可以采用4节或6节5号电池串联为机器人供电
	PS2遥控手柄及接收器 　　就是我们在本书第一卷中介绍过的2.4G无线遥控手柄。当机器人处于遥控模式时用它来控制机器人的各种动作

○ 制作步骤

STEP 01 安装相扑机器人

　　相扑机器人的结构较为复杂，有些安装步骤的顺序是不能颠倒的，请读者按照图4-3到图4-21的顺序安装，并仔细检查确认。

　　如图4-3所示，将4个金属减速电机分别固定在机器人的左、右两侧板上，并为每一个减速电机安装控制线。请读者注意左、右两侧电机的对称性并确认每一个电机控制线的安装位置。

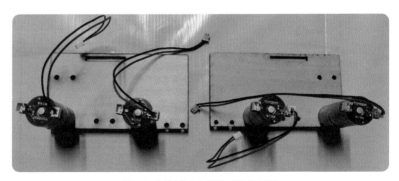

图4-3 安装减速电机和马达控制线

如图4-4所示，为4个减速电机安装联轴器，安装联轴器要使用内六角扳手，暂时不安装麦克纳姆轮。

图4-4 安装联轴器

如图4-5所示，将双出轴舵机的支撑架安装在车体横梁上，为了保证安装牢固，需要将4个固定螺丝都安装好，这4个螺母可以采用防脱螺母，如果使用普通螺母一定要拧紧。

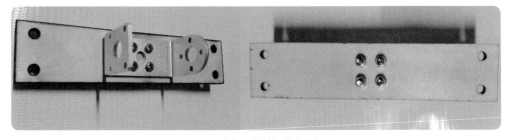

图4-5 安装双轴舵机的支撑架

如图4-6所示，使用尖头螺丝将双出轴舵机安装在上一步已经安装好的舵机支架上。这一步需要特别注意双出轴舵机的安装方向，舵机的主动出轴侧在支架的圆头一侧用3个螺丝固定，舵机的被动出轴侧在支架的方头一侧用4个螺丝固定。

a.使用尖头螺丝固定(红圈中)　　　　　　b.主动出轴侧　　　c.被动出轴侧

图4-6 安装双出轴舵机

　　双轴舵机的转动范围为0~90度，为了给后期调试程序留出余量，需要在安装舵盘前调整双出轴舵机的初始角度。如图4-7所示，将双出轴舵机与Arduino Mega机器人控制板的数字输出端口36连接，然后将图4-7右边的程序下载到控制板中，将双出轴舵机的初始角度调整到45度后再进行下一步安装。

图4-7 调整双出轴舵机的初始角度

　　如图4-8所示，双出轴舵机两侧的舵盘是不一样的。主动出轴为金属材质，主动出轴的舵盘是带有齿的，而被动出轴是硬塑料材质，被动出轴舵盘的中央是一个圆孔，没有齿。安装时要注意将两侧舵盘都放在水平的位置且不要转动舵机（否则会破坏舵机的初始角度）。

 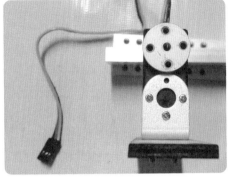

a.被动出轴舵盘   b.主动出轴舵盘

图4-8 安装双出轴舵机两侧的舵盘

如图4-9所示，将2个铝合金固定座安装在双出轴舵机固定板的两侧。

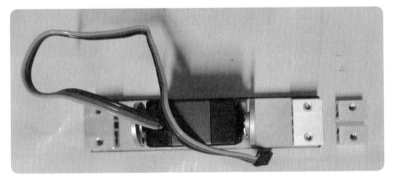

图4-9 安装固定座

如图4-10所示，利用2个U形支架组装机械
铲支架。

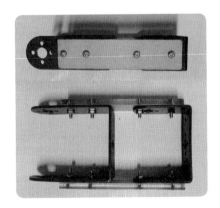

图4-10 组装机械铲支架

如图4-11所示，将机械铲支架安装到双出轴舵机上。将这一部分备用，我们先继续组合车体。

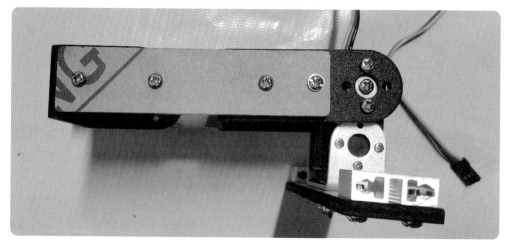

图4-11 将机械铲支架安装到双出轴舵机上

如图4-12所示，将两根支撑梁安装到一侧车体。

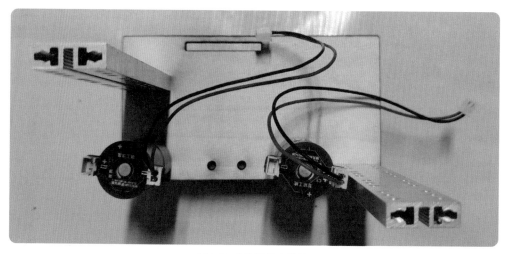

图4-12 安装两根支撑梁

如图4-13所示，将机械铲的机构也安装在车体一侧。

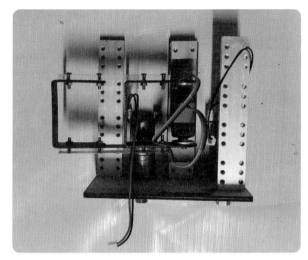

图4-13 安装机械铲结构

如图4-14所示，在车体前端的横梁上均匀安装4个光电循迹传感器用来探测场地边界。

图4-14 安装光电循迹传感器

　　如图4-15所示，将锂电池组用魔术扎带固定在底盘上，并在4角安装4根M3×25的铜柱用来固定Arduino Mega机器人控制板。

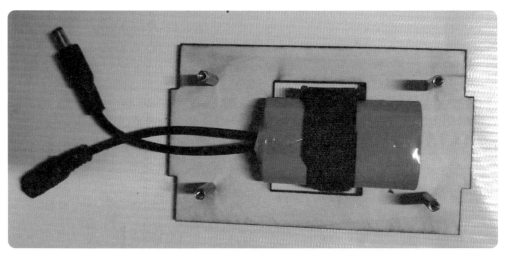

图4-15 安装电池和控制板支柱

　　如图4-16所示，将车体的另一侧用螺丝与2个支撑梁和机械铲支架相连接，相扑机器人的主体结构就基本搭建完成了。

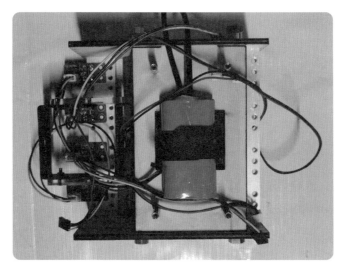

图4-16 安装另一侧车体

如图4-17所示，机械铲由挡板和铲沿两部分组成，用2个铝合金连接件将挡板和铲沿相连接即可。

图4-17 组装机械铲

如图4-18所示，将超声波传感器安装到挡板的对应孔位上并将4根杜邦线插在超声波传感器上。

图4-18 安装超声波传感器

如图4-19所示，将组装好的机械铲安装到机械铲的支架上，再将Arduino Mega机器人控制板安装到支柱上，需要注意控制板电池接口需要与锂电池的放电接口在同一边。

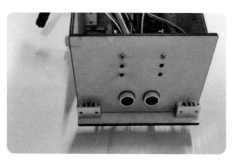

图4-19 安装机械铲和控制板

本章制作的相扑机器人的一个突出特点是采用了麦克纳姆轮。麦克纳姆轮(Mecanum Wheel)简称"Mecanum轮"，是瑞典麦克纳姆公司的专利，是一种研究较早，也是最为典型的全向轮，轮体的圆周分布了许多鼓形辊子，这些辊子的外廓线与轮子的理论圆周相重合，这样确保了轮子与地面接触的连续性，并且辊子能自由旋转，辊子的轴线与轮子轴线通常成 45度。由于麦克纳姆轮的这种独特结构，使得使用这种轮子的平台可以实现任意方向的移动，也就是实现在平面内的全方位运动。不但可以前进、后退、左转和右转，还可以实现左、右方向的平移。

如图4-20所示，相扑机器人所使用的4个麦克纳姆轮实际上只有两种，左前轮和右后轮是一种，右前轮和左后轮是另外一种，请读者在安装时一定要注意区分。

图4-20 安装麦克纳姆轮

机器人小课堂：相扑机器人电机和传感器与控制板的连接。

如表4-2所示，为相扑机器人的4个减速电机和所有传感器与Arduino Mega机器人控制板的连接，请读者仔细检查，确保接线正确无误。

表4-2 相扑机器人电机和传感器与控制板的连接

设备/传感器	与控制板接口
左前轮减速电机	M4，控制引脚7和33，7为速度控制引脚
右前轮减速电机	M3，控制引脚6和32，6为速度控制引脚
左后轮减速电机	M2，控制引脚9和35，9为速度控制引脚
右后轮减速电机	M1，控制引脚8和34，8为速度控制引脚
左外光电循迹传感器	模拟输入引脚A2
左内光电循迹传感器	模拟输入引脚A3
右内光电循迹传感器	模拟输入引脚A4
右外光电循迹传感器	模拟输入引脚A5
超声波传感器	Triger引脚为数字引脚16，Echo引脚为数字引脚17

最后将PS2遥控手柄的接收器插在Arduino Mega机器人控制板的对应接口处，此时相扑机器人就制作完成了（见图4-21）。

图4-21 相扑机器人完成图

Step 02 遥控模式的程序编写

相扑机器人的行走控制有6种基本状态：前进、后退、原地左转、原地右转、左平移、右平移。各种状态中4个轮子的转动方向及机器人的运动方向如图4-22所示，图中的红色箭头表示每个轮子的转动方向，蓝色箭头表示机器人的运动方向。

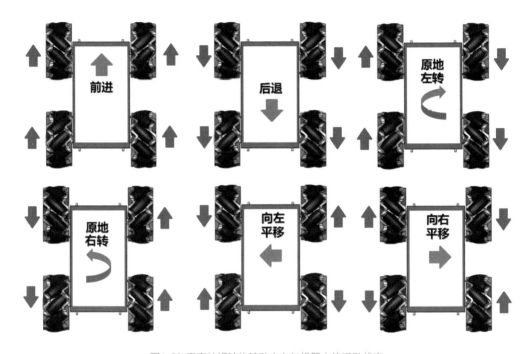

图4-22 麦克纳姆轮的转动方向与机器人的运动状态

根据图4-22的分析，我们可以先编写一个机器人前进的子程序，然后在此基础上编写其他5种情况的子程序：

如图4-23所示，为相扑机器人的前进子程序，下载程序后观察4个电机的转动方向，如果哪个电机的转动方向与设计的不一致，不需要改动程序，只要将这个电机的接线调整一下，电机的转动方向就改变了。

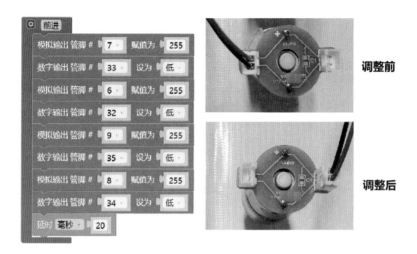

调整前

调整后

图4-23 前进子程序及电机接口调整

如图4-24所示，为相扑机器人全部行进子程序，读者可以根据前进子程序进行逐一分析，为了方便控制，我们还编写了停止的子程序。

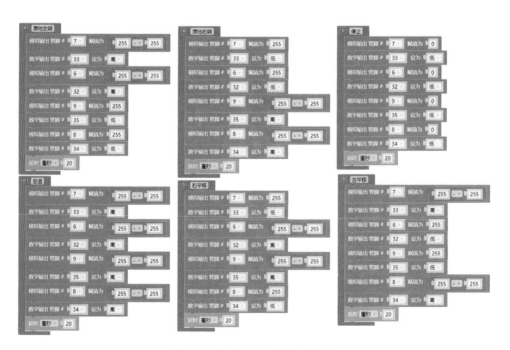

图4-24 相扑机器人全部行进子程序

在相扑机器人的前面
还装有可以升降的机械铲。
相扑机器人在刚开始比赛
时，机械铲是几乎贴地的，
当机器人与对手机器人接触
后，可以控制机械铲抬起，
这样就可以减小对手的摩擦
力，然后再将对手推出场
地。图4-25所示，为机械
铲的控制子程序。

a.机械手复位

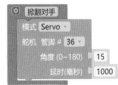

b.掀翻对手

图4-25 机械铲控制子程序

如图4-26所示，为相扑机器人的遥控程序，各个子程序前面都已经介绍过，需要注意的是，前进、后退、原地左转、原地右转、左平移和右平移的触发条件是"按住"；机械手复位和掀翻对手的触发条件是"按下"。读者还可以根据需要为机器人添加更多的遥控功能。

图4-26 遥控程序

STEP 03 自控模式的程序编写

如图4-27所示，为相扑机器人自控模式的流程图。从流程图可以看出该程序有两条流程线，其中一条不断地判断机器人是否出界（是否检测到边界），如果检测到边界就立刻后退防止出界。另外一条流程线则是在寻找对方的机器人，寻找的方式是通过超声波传感器检测机器人前方100厘米内是否有障碍物，如果有就朝着障碍物前进，如果没有就原地旋转搜索。

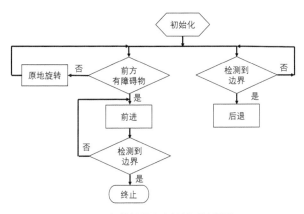

图4-27 相扑机器人自控模式流程图

如图4-28所示，为相扑机器人的自控程序。该程序分为3个部分，下面逐一进行分析。

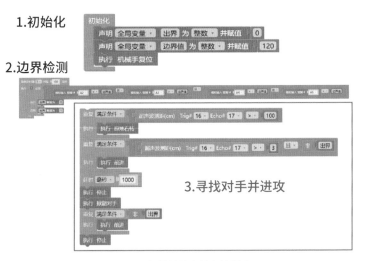

1.初始化
2.边界检测
3.寻找对手并进攻

图4-28 相扑机器人的自控程序

第1部分为初始化部分。在这一部分定义了2个全局变量出界和边界值，如果出界 = 1，则认为机器人已经出界；如果出界 = 0，则说明机器人在界内。边界值其实是光电循迹传感器返回的临界值，如果光电循迹传感器的返回值大于边界值，说明机器人处在浅色场地（界内）；如果光电循迹传感器的返回值小于边界值，则说明机器人正在边界线上，应该立即后退或停止。

第2部分是边界检测部分，该部分利用Arduino的定时器1实现。该部分程序的作用是每隔100毫秒就判断一下4个光电循迹传感器的值是否都大于边界值。如果都大于边界值就说明机器人没有出界，将出界变量赋值为0；如果有任意一个光电循迹传感器的返回值小于边界值，就将出界变量赋值为1。这部分程序是一直执行的，并且每1秒执行10次。

第3部分是寻找对手并进攻。这一部分的程序也可以说是相扑机器人自控程序的主要部分，程序开始时首先检测超声波传感器的返回值是不是大于100厘米，如果是，就说明机器人前方没有对手，则机器人原地右转寻找对手，直到找到对手（与前方障碍物距离小于或等于100厘米），程序跳出此循环，进入进攻的第一阶段，在这一阶段机器人不断前进直到与对手的距离小于3厘米，第一阶段的进攻结束。进攻的第二阶段，机器人首先继续前冲1秒，这时与对方机器人接触，然后抬起机械铲使对方机器人立足不稳，同时继续前进推对方机器人，直到检测到边界线，进攻完成，全部程序结束。

〇 拓展任务

通过上面的实例，相信读者可以搭建出属于自己的相扑机器人。经过实践，我们可以进一步提升相扑机器人的性能。例如，可以在机器人的左前方和右前方分别安装一个超声波传感器，以便机器人更好地发现对方的机器人。我们也可以尝试利用麦克纳姆轮独特的运动特性来躲避对手的进攻。大家赶快来试一试吧！

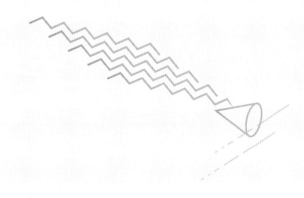

PART 05
平衡机器人

文/图 律原（首都师范大学） 高凯（北京市第二中学）

○ **本章任务**

电动平衡车，又叫体感车、思维车、摄位车等，如图5-1所示。市场上主要有独轮和双轮2类电动平衡车。平衡车的运作原理主要建立在一种被称为"动态稳定"基本原理上，利用车体内部的陀螺仪和加速度传感器来检测车体姿态的变化，并利用精密的伺服控制系统灵敏地驱动电机进行相应调整，以保持整个车体的平衡。平衡车是现代人用来作为代步工具的一种新型的绿色环保产物，并兼有娱乐休闲功能。本章我们就一起来制作一个双轮平衡机器人。

图5-1 平衡车

○ 任务要点

● 理解双轮平衡机器人的平衡原理
● 掌握MPU6050三轴加速度传感器模块的使用方法
● 编写双轮平衡机器人直立环程序
● 掌握双轮平衡机器人直立环的调试方法

○ 器材准备

如表5-1所示，制作平衡机器人的核心器件是带有串口输出功能的3轴加速度模块MPU6050，其实在本书第一卷第四部分的"姿态传感器"中我们就介绍过3轴磁场传感器HMC5833L模块。3轴加速度模块MPU6050以InvenSense公司的 MPU6050作为主芯片，能同时检测3轴加速度、3轴陀螺仪（3轴角速度）的运动数据以及温度数据。利用 MPU6050 芯片内部的 DMP 模块（Digital Motion Processor 数字运动处理器）， 可对传感器数据进行滤波、融合处理，直接通过 IIC 接口向主控器输出姿态解算后的数据，以降低主控器的运算量。其姿态解算频率最高可达 200Hz，非常适合用于对姿态控制实时要求较高的领域。常见应用于手机、智能手环、自平衡机器人、四轴飞行器、计步器等的姿态检测。除了带有串口输出功能的3轴加速度模块MPU6050外的其他器材，读者可以使用手边的类似器材来制作。

表5-1 平衡机器人器材表

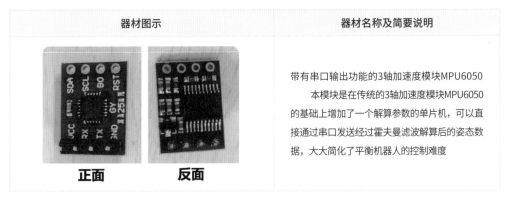

器材图示	器材名称及简要说明
正面 反面	带有串口输出功能的3轴加速度模块MPU6050 　　本模块是在传统的3轴加速度模块MPU6050的基础上增加了一个解算参数的单片机，可以直接通过串口发送经过霍夫曼滤波解算后的姿态数据，大大简化了平衡机器人的控制难度

（续表）

器材图示	器材名称及简要说明
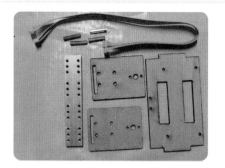	**结构件** 　　平衡机器人采用左右2轮的直立结构，所需结构件由4毫米的椴木层板利用激光雕刻机加工而成，为了加强支持性，采用128毫米宽度的铝制型材加固，自行设计结构时需要注意重量分配的均衡性
	**带有霍尔编码器的金属减速电机** 　　为了提高平衡机器人的稳定性，使用了2个带有霍尔编码器的370金属减速电机工作，电机为5～7V，转速为60～130转/分钟为宜
	**Arduino Mega机器人主控板** 　　Arduino Mega机器人控制板带有多组串口，方便接收MPU6050发送的姿态数据，而且控制板上带有电机驱动芯片和编码器电机的接口，可以直接驱动6路直流减速电机，其中4路可以是带编码器的减速电机
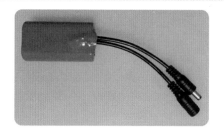	**18650两串锂电池组** 　　为了制作方便，本例使用带有保护板的18650两串锂电池组为机器人供电，该电池组的供电电压为7.4V，当然读者也可以采用4节或6节5号电池串联为机器人供电

○ 制作步骤

step 01 平衡车的平衡原理

平衡机器人的工作原理虽然比较复杂，但是可以用一个简单的生活中的例子来说明。我们都知道，通过简单的练习，一般人可以通过自己的手指把木棒直立不倒地放在指尖上。木棒直立在指尖上不倒需要两个条件：一是放在指尖上可以移动；二是通过眼睛观察木棒的倾斜角度和倾斜趋势（角速度）。通过手指的移动去抵消木棒倾斜的角度和趋势，就能使木棒在指尖直立不倒，这两个条件缺一不可。实际上对这两个条件的控制过程就体现了负反馈机制。 世界上没有任何人可以蒙着双眼让木棒在指尖直立不倒，因为没有眼睛的反馈，就不知道木棒的倾斜角度和趋势。这整个过程可以用如图5-2所示的方框图表示，图5-2所示的木棒平衡的控制原理就是我们之前讲过的闭环控制原理。

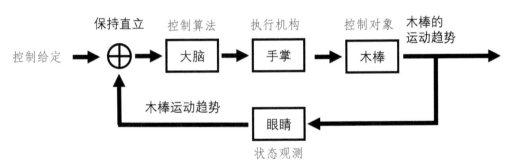

图5-2 木棍平衡及其控制原理

平衡机器人的控制也是类似的过程，而且与上面保持木棒直立相比，双轮平衡机器人的控制过程更为简单，因为双轮平衡机器人有2个轮子着地，车体只会在轮子滚动的方向上发生倾斜。如图5-3所示，只要能够控制轮子转动，抵消在一个维度上倾斜的趋势，便可以保持车体平衡。根据上述原理，可以通过测量小车的倾角和倾角速度，控制机器人车轮的加速度来消除小车的倾角。因此，机器人倾角以及倾角速度的测量成为控制平衡机器人直立的关键因素。在器材准备部分已经介绍过，本章制作的双轮平衡机器人使用的测量倾角和倾角速度的传感器是带有串口输出功能的3轴加速度模块——MPU6050。

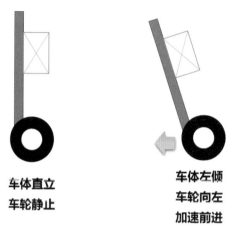

车体直立
车轮静止

车体左倾
车轮向左
加速前进

车体右倾
车轮向右
加速前进

图5-3 平衡车控制原理

Step 02 平衡机器人的组装

平衡机器人的组装比较简单，按照图5-4至图5-14的顺序依次组装即可，在安装过程中，要特别注意3轴加速度模块MPU6050的安装及接线。

图5-4为编码器电机的安装。需要注意的是，编码器电机要安装2个，且其接口要朝上，这样方便后面连接电机的控制线。

图5-4 安装编码器电机

图5-5为编码器电机控制线的安装，也需要安装两条，需要注意的有两点：一是电机控制线的接头是一大一小，与编码器电机连接的接头是较小的那一个；二是要注意接头的方向，需要将接头凸出的一边与编码器电机的凹槽相对应。

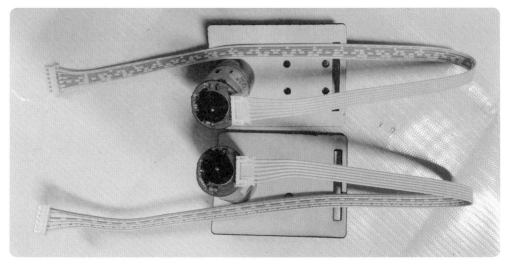

图5-5 安装编码器电机控制线

如图5-6所示，为了加强平衡机器人的结构强度，我们使用长度为128毫米的铝制梁作为机器人的支撑梁。

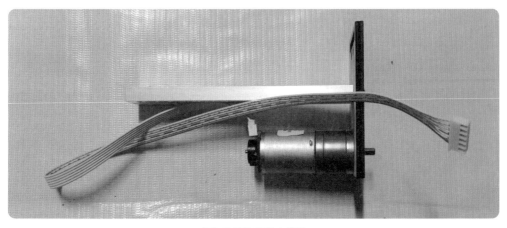

图5-6 安装加强支撑梁

如图5-7所示，用魔术扎带将锂电池紧紧地固定在底板上，并安装上4根M3×25的铜柱用于固定Arduino Mega机器人控制板。

图5-7 安装电池和支撑柱

如图5-8所示，将底盘插入左右两个电机支撑板的插槽，然后用两个M4×8的螺丝将平衡机器人左、右两个部分组合在一起，平衡机器人的主体结构就基本搭建完成了。

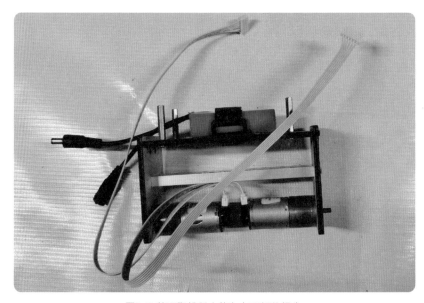

图5-8 将平衡机器人的左右两部分组合

如图5-9所示，将Arduino Mega机器人控制板安装在4根支撑柱上，安装时要注意使控制板电源插头的方向与锂电池组电池接头的方向一致。将左电机控制线插在M3插口（6，32）上，右电机控制线插在M1插口（8，34）上，最后建议用扎带整理一下电机控制线。

图5-9 安装Arduino Mega机器人控制板

如图5-10所示，使用内六角扳手安装联轴器，注意左、右两边都要安装。

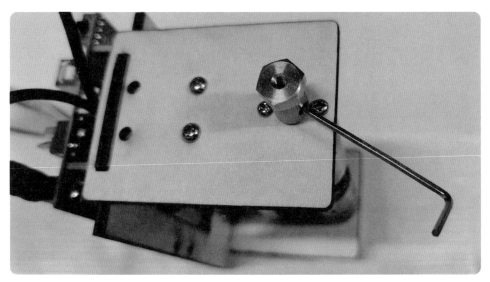

图5-10 安装联轴器

如图5-11所示，将左、右两侧的轮胎使用M4×4螺丝装好。

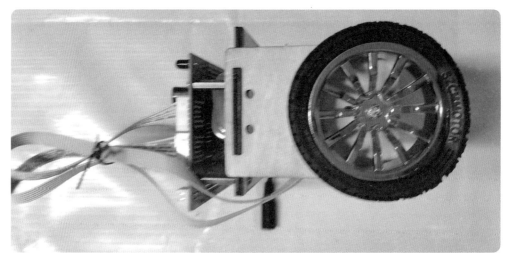

图5-11 安装轮胎

如图5-12所示，用热熔胶将MPU6050模块粘在平衡车的中间。

图5-12 安装MPU6050模块

如图5-13所示，用4根杜邦线将MPU6050模块与Arduino Mega机器人控制板的串口2连接，请检查线序是否与表5-2一致（这一步非常关键，请仔细检查）。

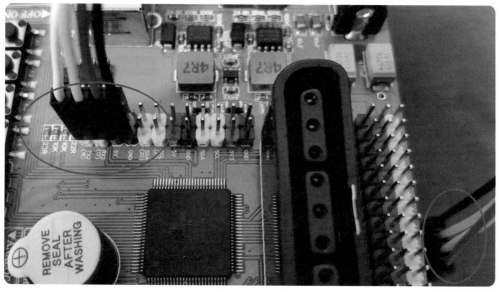

图5-13 连接MPU6050模块

表5-2 MPU6050模块与Arduino Mega机器人控制板的连接

MPU6050	Arduino Mega机器人控制板
Vcc	5V
Rx	Tx2（数字引脚16）
Tx	Rx2（数字引脚17）
GND	GND

图5-14为安装完成的平衡机器人。

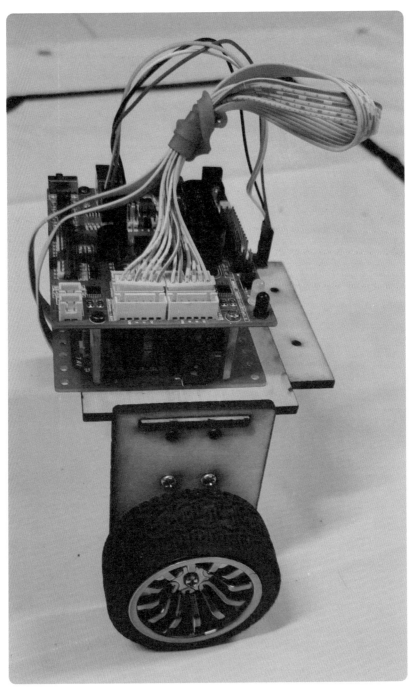

图5-14 安装完成的平衡机器人

Step 03 编写平衡机器人的控制程序

平衡车机器人的控制程序相对比较复杂，还需要进行相应的调整。

我们可以将编写和调试平衡机器人的控制程序分为5步：（1）接收MPU6050模块的姿态数据；（2）测量平衡机器人的姿态零点；（3）确定平衡机器人电机的极性；（4）编写比例控制程序；（5）细调相关参数。

下面我们对这5步控制程序逐一介绍。

（1）接收MPU6050模块的姿态数据

如图5-15所示，在本章开头我们介绍过MPU6050模块可以提供水平角（X轴）、俯仰角（Y轴）和滚转角（Z轴）的角度和角加速度（单位时间内角度的变化），但实际应用的时候我们是不能直接使用这些量的，而是需要根据这些数据计算出3轴的角度数据。比如制作平衡机器人，我们只需要算出MPU6050模块的俯仰角（Y轴的角度），然后通过控制算法根据角度大小控制机器人轮子的移动来保持平衡。如果是制作4轴飞行器，就需要根据俯仰角度、滚转角度和飞行指令来调节4个电机的转速。为

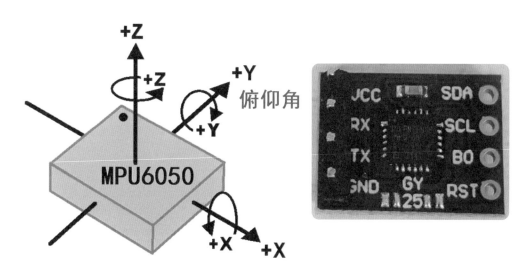

图5-15 MPU6050模块输出量示意图

了进一步简化程序，我们使用了带有串口输出功能的MPU6050模块，该模块在传统MPU6050模块的基础上增加了一个单片机，可以直接通过串口输出经过一阶卡尔曼滤波以后的稳定的3轴参数，供Arduino Mega机器人控制板使用。

图5-16为接收带有串口输出的MPU6050模块发送的数据的程序，这个程序可以分为3个部分：（1）初始化部分；（2）接收数据部分；（3）数据转换部分。下面我们对这3个部分逐一进行讲解。

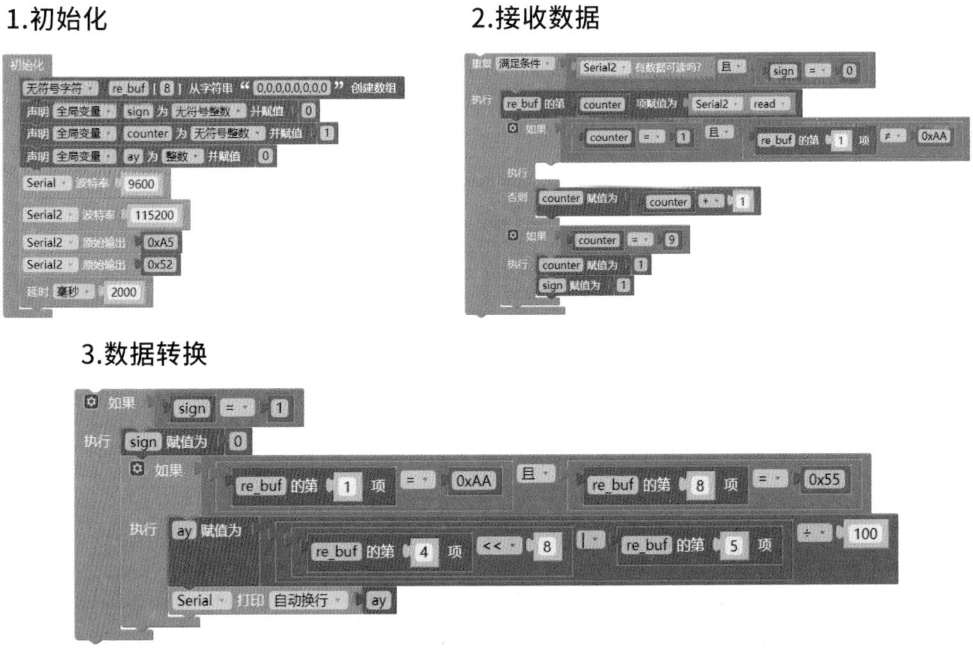

图5-16 接收MPU6050模块数据的程序

如图5-17所示，为接收MPU6050模块数据程序的初始化部分。在初始化部分我们主要是构建接收所用的数据结构，包括接收数据帧的数组re_buf[8]，全局变量sign、counter和ay。

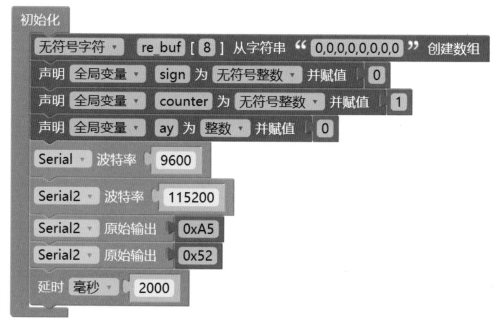

图5-17 接收MPU6050模块数据程序初始化部分

　　如图5-18所示，MPU6050模块发送来的每帧数据由8个字节组成，其中第1个字节为0xAA是起始位，第8个字节为0x55是结束位。第2位和第3位是X轴的数据，第4位和第5位是Y轴的数据，第6位和第7位是Z轴的数据。我们只需要接收Y轴也就

re_buf[8]

0xAA	X轴数据 高8位	X轴数据 低8位	Y轴数据 高8位	Y轴数据 低8位	Z轴数据 高8位	Z轴数据 低8位	0x55
第1位 （起始位）	第2位	第3位	第4位	第5位	第6位	第7位	第8位 （结束位）

图5-18 接收数据格式

是俯仰角的数据即可。

全局变量sign代表是否接收到完整数据，sign = 1表示接收到完整数据；counter代表正在接收的数据是第几位，counter的取值范围是1到8的整数；ay则是最重要的Y轴倾角数据。

MPU6050模块与Arduino Mega机器人控制板的串口2相连，发送与接收数据的波特率为115200。命令0xA5、0x52表示模块连续发送倾角数据。

如图5-19所示，为接收原始数据的程序。我们首先判断是否接收到了0xAA，也就是接收到的数据是否是一帧数据的第1位。如果是，就逐一接收这一数据帧的所有位；如果不是，就继续等待，直到接收到起始数据。当接收完一帧数据后，就将接收完毕的标志位sign赋值为1。

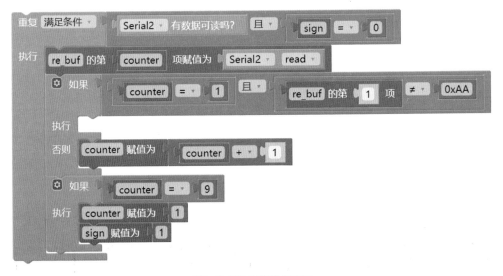

图5-19 接收原始数据程序

　　数组re_buf[8]中存储的是MPU6050模块发送来的原始数据，每个轴的数据都是由16位二进制数组成，我们还需要将它们转换成十进制数据。图5-20是对原始数据的转换程序，当sign变量的值为1时，就说明收到一个完整的数据帧。我们需要再次检查re_buf数组的第1位和第8位是不是正确的起始标记和结束标记，如果是，就开始转换。由于控制平衡机器人只需要Y轴数据，我们就只需要将re_buf的第4位数据左移8位，再与re_buf的第5位数据进行按位或运算，就可以得到Y轴的16位数据，将其赋给变量ay即可。程序的最后一句是利用Arduino Mega机器人控制板的串口1显示得到的ay值。

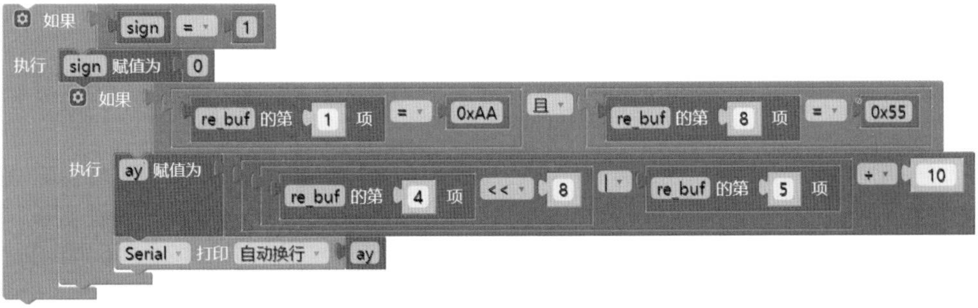

图5-20 对原始数据进行转换

〔2〕测量平衡机器人的姿态零点

　　如图5-21所示，所谓姿态零点就是平衡机器人在不通电时保持直立的Y轴倾角。由于MPU6050模块的安装误差和结构配重的分布，一般情况下平衡机器人的姿态零点都不在Y轴倾角为零的时候。将图5-16所示的程序下载到平衡机器人中，就可以通过串口看到机器人Y轴倾角的实时数据。用手将机器人从左到右推，记下机器人将倒未倒的倾角θ1，再将机器人从右向左推，记下机器人将倒未倒的倾角θ2，则平衡机器人的姿态零点就是θ1和θ2的平均值。由于平衡机器人的姿态零点非常重要，读者可以多测几次取平均值。例如，平衡机器人的姿态平衡点是68，则表示当Y轴倾角是6.8度时，机器人才可以保持直立的平衡。

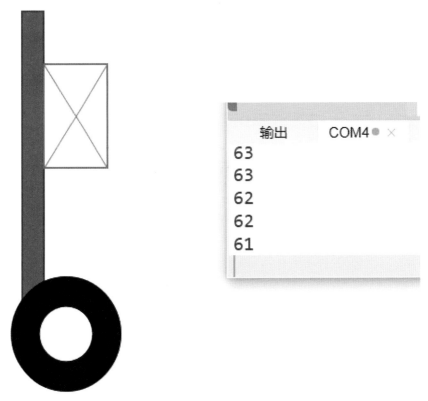

图5-21 测量平衡机器人的姿态零点

〔3〕确定平衡机器人电机的极性

所谓平衡机器人的电机极性就是：当机器人向左倾倒时，机器人的电机应该逆时针加速旋转进行纠正；当机器人向右倾倒时，机器人的电机应该顺时针加速旋转进行纠正（见图5-3）。

如图5-22所示，为了测试平衡机器人电机的极性，我们在图5-17所示的初始化

程序基础上增加了全局变量balance用来表示保持机器人的平衡零点。全局变量kp
是比例系数，和前面讲解循迹搬运机器人时所用的比例系数作用一样（在程序里暂
时不需要）。全局变量myspeed用来存储平衡机器人的实时速度，这个速度与机器
人的倾角有关，倾角越大则myspeed越大。全局变量err是机器人与平衡位置的差
异量，由ay减去balance得到。现在要判断当err分别大于0（机器人左倾）与小于0
（机器人右倾）时，电机的转动方向是否正确。

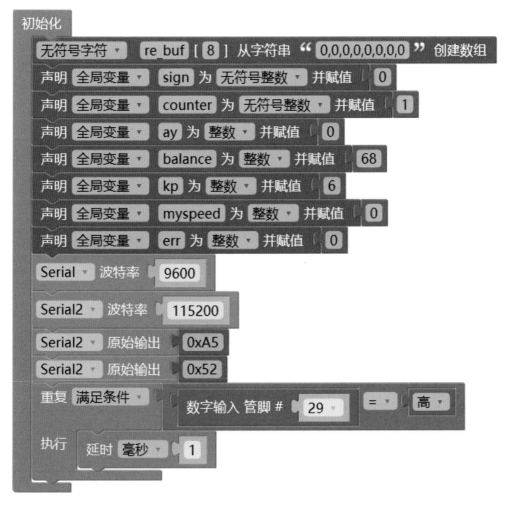

图5-22 全部所需变量

图5-23所示的程序为电机极性判断程序，这个程序是在图5-20所示程序的基础上修改而成的。当得到ay后，将ay与balance相减得到机器人的姿态偏差值存入全局变量err。当err大于0则机器人向左加速行驶，当err小于0则机器人向右加速行驶。如果下载此程序后，机器人的调整方向相反，则需要将程序里的err<0改为err>0即可。

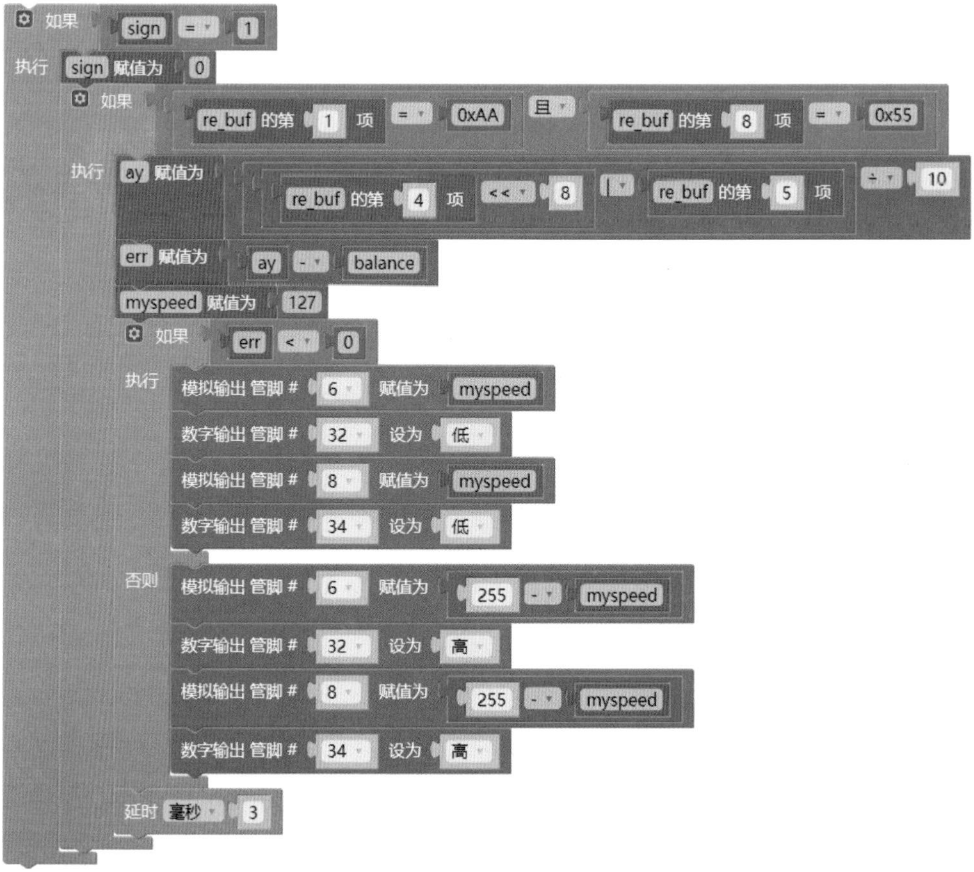

图5-23 电机极性判断程序

（4）编写比例控制程序

图5-24为电机比例控制程序，是在图5-23所示电机极性判断程序的基础上修改而成的。平衡机器人的比例控制思想与循迹机器人的比例控制思想相同，就是纠偏量（左移或

右移的速度大小）与机器人的姿态动态相关，机器人偏离平衡点越大则纠偏量越大。

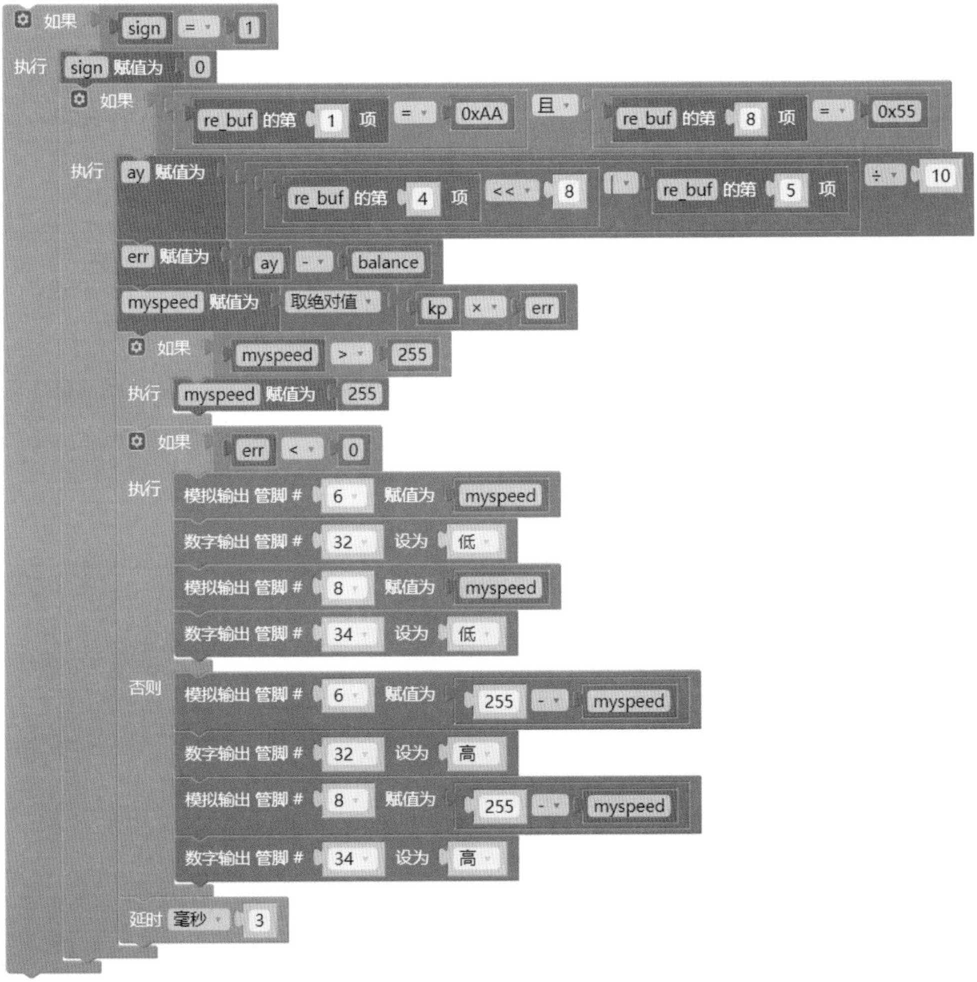

图5-24 电机比例控制程序

〔5〕细调相关参数

控制平衡机器人的姿态是一项需要耐心的工作，读者应该通过反复实验确定balance、kp和机器人的延时时间，只有这3个量协调好，机器人才能较长时间地保持稳定。调试的诀窍是一次只调整其中的1个参数，另外2个参数保持不变。

○ 拓展提高

制作更加稳定的平衡机器人

读者制作完成本节的平衡机器人后会发现，调整好的机器人虽然可以长时间地保持直立姿态，但是比较容易受到外界的干扰：如果稍微用手推一下处于直立状态的机器人，它就会倒向一边。有什么办法能提高平衡机器人的稳定性呢？

其实，完整的平衡机器人控制涉及三个PID环，分别是直立环（角度环）、速度环和转向环。下面逐一介绍每个环的作用。

1. 直立环。直立环也就是角度坏，通过陀螺仪得到车架的姿态角度，通过当前角度与目标角度比对的差值进行一定计算来控制轮子，以保证车架维持在目标角度附近，即直立环保证车架站起米并且稳住。

2. 速度环。速度环是直立环的辅助调节，直立环能够保证车架直立，但是不能保证车直立的速度为零，速度环就可以保证车架保持直立的同时控制此时的速度。

3. 转向环。转向环控制车架的方向，与直立环用到的反馈量不一样。

由于我们的平衡机器人只编写了直立环的程序，所以它抗干扰的能力较弱。如果读者想进一步提高平衡机器人的稳定性，可以上网查找完整的"直立环+速度环"的控制程序。如果需要平衡机器人改变运动方向，则还要为其添加转向环的控制程序。

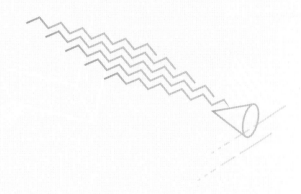

PART 06
基于智能摄像头的循迹机器人

文/图　律原（首都师范大学）　刘毅（海淀区青少年活动管理中心）

○ 本章任务

在本书的第二章，我们设计制作了基于光电传感器的循迹机器人。如图6-1a和图6-1b所示，现在大部分的汽车上都装有基于摄像头的倒车影像系统。我们能否借助摄像头帮助机器人实现循迹功能呢？答案是肯定的，这一小节我们就利用OpenMv智能摄像头来制作一个摄像头循迹机器人（如图6-1c所示）。

a.车后摄像头

b.倒车影像

c.摄像头循迹机器人

图6-1 汽车上的摄像头与倒车影像及摄像头循迹机器人

○ 任务要点

❶ 图像的类别及存储

❷ 摄像头获取图像的原理

❸ 利用OpenMv智能摄像头获取图像的方法

❹ 如何将轨迹偏差利用串口发送给Arduino控制器

○ 器材准备

本节实验所用的循迹机器人底盘与本书第二章基于光电传感器的循迹机器人是一样的。唯一的区别在于，我们使用OpenMv智能摄像头代替光电传感器作为循迹传感器。

OpenMv是一款带有处理器的开源智能摄像头模块，类似于我们熟知的Arduino控制器，OpenMv封装了很多图像处理和人工智能相关的函数，使得使用OpenMv来处理图像变得更加简单。由于具有开源的属性，OpenMv有多种版本，图6-2a所示为标准版本的OpenMv，图6-2b所示为Mini版的OpenMv。在本节中，我们使用Mini版的OpenMv作为循迹传感器。

a.标准版OpenMv　　　　　　　　　　　b.Mini版OpenMv

图6-2 不同版本的OpenMv

○ 制作步骤

STEP 01 摄像头与智能摄像头

在器材准备中，我们简单介绍了OpenMv是一种开源的智能摄像头模块。这里有两个关键词值得注意。

第一是开源。OpenMv智能摄像头模块是一种与Arduino控制板相似的开放性的开发平台，它不但支持Micro Python语言而且OpenMv的全部控制代码都是开源的，并允许不同的开发者和厂商对OpenMv的库函数进行不断地开发，只要能保证这些二次开发的库函数可以免费使用就行，这就保证了使用OpenMv开发的便利性。

第二是智能。我们知道如图6-3b所示的普通摄像头是通过CCD（电荷耦合器件）来成像的。当用摄像头拍摄景物时，景物反射的光线通过镜头透射到CCD（如图6-3a所示）上，当CCD曝光后，光电二极管受到光线的激发就会释放出电荷，感光元件的电信号便由此产生。CCD控制芯片利用感光元件中的控制信号线路对光电二极管产生的电流进行控制，由电流传输电路输出，CCD会将一次成像产生的电信号收集起来，统一输出到放大器。经过放大和滤波后的电信号再被送到A/D，由A/D将电信号（此时为模拟信号）转换为数字信号，数值的大小和电信号的强度即电压的高低成正比，这些数值其实就是图像的数据。普通的摄像头模块需要将获取的图像数据传递给控制器进行下一步的分析与处理。如图6-3c所示，智能摄像头模块本身就带有处理器，可以对获取的图像数据进行处理直接得到所需要的结果。我们在本小节中使用的OpenMv就属于带有处理器的智能摄像头模块，它可以大大减轻Arduino控制板的处理压力。

a.ccd感光模块　　　　　　　　b.摄像头模块　　　　　　　　c.智能摄像头模块

图6-3 摄像头与智能摄像头

Step 02 图像的种类、大小与存储方式

　　根据获取图像含有颜色信息的多少，可以将图像分为彩色图像、灰度图像和二值化图像3种。图6-4a所示为一个茶壶的彩色图像，图6-4b所示为这个茶壶的灰度图像，图6-4c所示为这个茶壶的二值化图像。读者从图6-4c中应该很难看出图像中包含茶壶，这是因为二值化图像的每一个像素点都只有0或1一个数字代表，图像信息太少了，而灰度图中茶壶的每一个像素点都由1个0到255之间的整数表示，图像信息的增多使得图像变得清晰。上美术课的时候会学三基色原理，三基色原理是指任何一种颜色都可以通过红色、绿色和蓝色不同比例的搭配构成。图6-4a中的彩色图像中的每一个像素点都由3个0到255的整数组成。其中一个代表红色的返回值，一个代表绿色的返回值，还有一个代表蓝色的返回值，这样就能够合成出一个彩色的图像。

a.彩色图像　　　　　　　　　　b.灰度图像

c.二值化图像

图6-4 二种类型的图像

　　在图像分辨率一致的情况下，与图像大小直接相关的参数是图像长和宽的像素值，比如图6-5a中左边的茶壶的大小为640像素×320像素，而右边茶壶的大小为320像素×160像素，很明显图6-5a中左边的茶壶图像是右边的4倍。当图像的物理大小一样时，与图像大小相关的另外一个非常重要的参数是分辨率。在数字图像处理中我们使用"像素个数/英寸"（Pixel Per Inch，简写为PPI）来说明图像的分辨率。如图6-5b所示，2个圆形图案的边长都是1英寸，也就是2.54厘米。图6-5b左边的圆形的分辨率为10PPI，就是每英寸有10个像素点，图6-5b右边的圆形的分辨率为20PPI。很明显图6-5b右边的圆形图案的精细程度要大于图6-5b左边所示的圆形图案。

　　数字图像的存储大小主要和图像的颜色类型和构成图像的像素点有关。存储8个二值化图像的像素点才占用1个字节的空间；存储一个灰度图像的像素点占用1个字节的空间；存储一个彩色图像的像素点就要占用3个字节的空间。可以看出图6-5b左边的圆形共有100个像素点，存储它需要300个字节，而存储图6-5b右边的圆形则需要1200个字节！

　　注：一个0或1被称为一位占用一个比特（Bit），8个比特位一个字节（Byte）。

a.相同分辨率不同大小

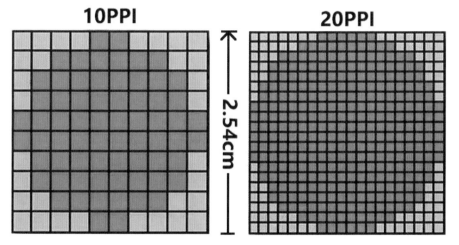

b.相同大小不同分辨率

图6-5 图像的大小

Step 03 下载和安装 OpenMv IDE

OpenMv使用OpenMv IDE编写程序，读者可以从https://singtown.com/openmv-download/下载最新版本的OpenMv IDE软件。下载时候注意选择与你电脑上操作系统一致的版本。将OpenMv IDE下载后就可以安装了，安装步骤如图6-6所示，安装结束后会在桌面上自动生成如图6-6右下角所示的OpenMv IDE的快捷方式。

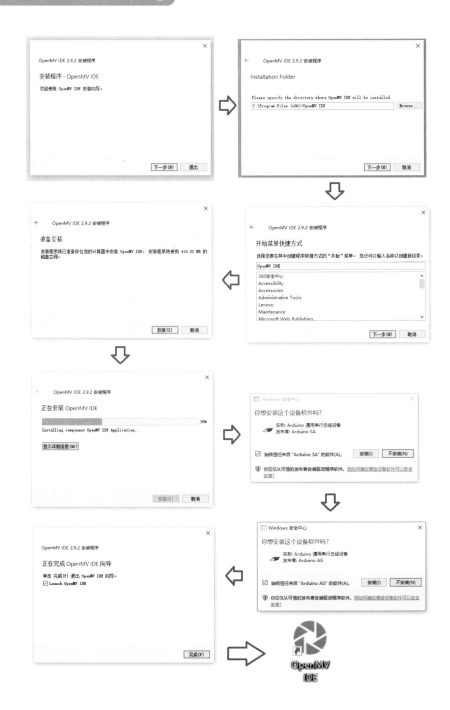

图6-6 OpenMv IDE安装过程和快捷方式

双击OpenMv IDE的快捷方式，会出现如图6-7所示的OpenMv IDE初始工作界面，我们可以将初始工作界面划分成5个区域，下面逐一介绍这5个区域：

区域1：代码编写区，这是我们主要的工作区域。OpenMv支持使用Micro Python语言，初始界面的代码编写区中还有一个Hello World的范例程序，在本章的下一小节再详细介绍这个Hello World的范例程序。

区域2：帧缓冲区，就是你摄像头所照视频的显示区域。图6-7显示的是获取的一段赛道。

区域3：RGB色彩空间，就是色彩直方图。每幅图像的每个像素都可以分为红R、绿G、蓝B共3种原色，然后将整幅图的RGB在各点所占比例分别表示出来，就是RGB色彩直方图，在颜色识别时用处很大。

区域4：串行终端，OpenMv的库函数中有"打印"功能的函数，可以将你想看的数据打印在这里。

区域5：OpenMv连接区，控制是否连接与打开OpenMv。

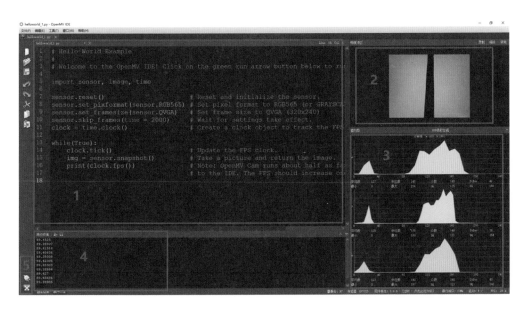

图6-7 OpenMv IDE的初始工作界面

　　这里着重介绍一下通过OpenMv IDE连接OpenMv智能摄像头的方法。如图6-8所示，当你打开OpenMv IDE但没有连接OpenMv智能摄像头时，OpenMv的连接区会显示如图6-8a所示的"未连接"状态。先将OpenMv智能摄像头用USB数据线与电脑连接，然后用鼠标单击图6-8a中类似U盘的图标，连接区中的图标会变成如图6-8b中所示的插头和绿色箭头的图标，同时跳出一个询问是否要注册你的OpenMv智能摄像头的弹窗，此时你需要连续单击3次"No"，然后再次单击"绿色箭头"，"绿色箭头"就会变成如图6-8c中所示红色"✖"，这就说明OpenMv IDE与OpenMv智能摄像头连接成功了，接下来就可以从帧缓冲区中看到OpenMv智能摄像头获取的图像了。

a.未连接状态　　　　　　　　　b.连接中　　　　　　　　　c.连接成功

图6-8 连接OpenMv的步骤

Step 04 利用 OpenMv 智能摄像头获取图像

　　当你通过OpenMv IDE打开一个新程序时，OpenMv IDE会为你的新程序预先添加如下代码，这些代码可以不断通过获取图像，并实时显示帧率，下面逐一解释这些代码的作用。

```
import sensor, image, time
sensor.reset()                          # Reset and initialize the sensor.
sensor.set_pixformat(sensor.RGB565)     # Set pixel format to RGB565
sensor.set_framesize(sensor.QVGA)       # Set frame size to QVGA
```

```
sensor.skip_frames(time = 2000)              # Wait for settings take effect.
clock = time.clock()

while(True):
    clock.tick()
    img = sensor.snapshot()
    image.print(clock.fps())
```

OpenMv IDE会用不同颜色代表不同性质的语句，以第一句import sensor, image, time为例，import是用青色标记的，这代表import是Micro Python的关键字，import指要引用库函数；sensor、image和time用紫色表示，说明它们是OpenMv的库名称。sensor指OpenMv的传感器，OpenMv上唯一的传感器就是摄像头，所以sensor就是指摄像头、image是用来存储摄像头获取的图像的对象，它本质上是一个多维列表，time库是Micro Python中与时间相关的函数库。

```
sensor.reset()
sensor.set_pixformat(sensor.RGB565)
sensor.set_framesize(sensor.QVGA)
sensor.skip_frames(time = 2000)
```

以sensor开头的这几句是与摄像头设置有关的语句。sensor.reset()是通过重启的方式初始化摄像头；sensor.set_pixformat(sensor.RGB565)是将摄像头获取的图像的格式设定为彩色RGB565模式；sensor.set_framesize(sensor.QVGA)语句设定图像的大小为330像素×240像素；sensor.skip_frames(time = 2000)等待2秒，等待前面的设置生效；clock = time.clock()是创建一个名字为clock的time类型对象用来计算帧率（所谓帧率是指每秒钟处理图像的张数，这个数越大说明图像处理速度越快）。

```
while(True):
```

clock.tick()

img = sensor.snapshot()

image.print(clock.fps())

while（True）：实际是建立了一个永久循环，Micro Python是靠缩进来判断语句归属的，这个永久循环包含3条语句：

clock.tick()是更新帧率时钟的数据；img = sensor.snapshot()是利用摄像头获取一幅图像并将它存入img对象等待处理；image.print(clock.fps())是得到当前帧率并将帧率输出。

Step 05 利用 OpenMv 智能摄像头获取赛道实际中点

在讲解利用OpenMv智能摄像头获取赛道实际中点的具体代码之前，我先简要介绍下它的基本原理。总体而言，利用OpenMv智能摄像头获取赛道实际中点大致分为3步。

1.如图6-9a所示，首先利用OpenMv智能摄像头获取当前赛道的灰度图。之所以不使用彩色图像，是因为没有必要而且处理灰度图像比处理彩色图像要快得多。

2.如图6-9b所示，我们将得到的灰度图像转换成二值化图像，方便进一步处理。

3.我们设定一条检测线，在范例程序中是第40行。首先从左至右依次检查该行的每一个像素点，直到找到先是白色后是黑色的像素点，这就是赛道的左边沿；再从右向左检测第40行，同样找到先是白色后是黑色的像素点，这就是赛道的右边沿，这样我们就能找到赛道的实际中线位置；最后，把这个实际中线位置与理想中线位置相减（图像长度为160像素，图像理想中点为80像素）得到偏差值，通过串口传递给Arduino控制板用来控制机器人行走即可。

#设置阈值，（0，64）检测黑色线

THRESHOLD = (0, 40) #设置阈值低于40的为黑色，反之为白色

首先执行二进制操作，以便您可以看到正在运行的线性回归…虽然可能会降低FPS。

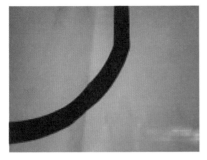

a.摄像头获取的灰度图　　　　　　　b.处理过的二值化图像

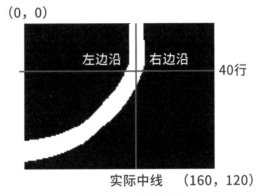

c.实际中心点检测原理

图6-9 利用OpenMv智能摄像头获取赛道的实际中点的原理

```
import sensor, image, time
from pyb import UART
from pyb import LED
import json
uart = UART(3, 9600)

sensor.reset()
sensor.set_pixformat(sensor.GRAYSCALE)
sensor.set_framesize(sensor.QQVGA)
```

```
sensor.set_auto_gain(True)
sensor.set_auto_whitebal(True)
sensor.set_auto_exposure(True)
sensor.skip_frames(time = 2000)
clock = time.clock()

while(True):
    clock.tick()
    img = sensor.snapshot().binary([THRESHOLD])
    cz = 80
    cy = 80
    rho_err = 0

    for i in range(50,111,1):
        if (img.get_pixel(i,40) > 45) and (img.get_pixel(i + 1,40) < 45) and
(img.get_pixel(i + 2,40) < 45):
            cz = i;
    for i in range(110,49,-1):
        if (img.get_pixel(i,40) > 45) and (img.get_pixel(i - 1,40) < 45) and
(img.get_pixel(i - 2,40) < 45):
            cy = i;
    rho_err = int( 80 - (cz + cy )/ 2 )
    if (rho_err >0) :
        LED(1).on()
        LED(2).off()
        LED(3).off()
```

```
if (rho_err <0):
    LED(1).off()
    LED(2).on()
    LED(3).off()
print(rho_err)
uart.write("a" + json.dumps(rho_err) + "b" )
```

上面是实现实际赛道中线检测的Micro Python代码，我将挑选核心代码作以下解释。

```
uart = UART(3, 9600)
```

这句代码为OpenMv智能摄像头打开了一个串口，用来向机器人控制板的串口发送数据。需要特别注意的是，OpenMv智能摄像头只有一个串口3可以对外使用，而且OpenMv智能摄像头串口发送数据的速率一定要和机器人控制板接收数据的速率保持一致，这里是9600波特率。

```
sensor.set_pixformat(sensor.GRAYSCALE)
sensor.set_framesize(sensor.QQVGA)
```

这2句代码将获取的图像设置为灰度图、QQVGA格式，该格式图片的大小为160像素×120像素。

```
img = sensor.snapshot().binary([THRESHOLD])
```

此句代码将直接将OpenMv智能摄像头获取的灰度图像转变为二值化图像，以便进行下一步处理。

```
cz = 80
cy = 80
rho_err = 0
```

cz、cy和rho_err是本程序中的3个最重要的变量，cz是实际赛道左边沿的位置，cy是实际赛道右边沿的位置，rho_err是实际赛道中线与理想赛道中线的偏差值，这3个变量也是我们想通过OpenMv智能摄像头获得的数据。

```
for i in range(50,111,1):
    if (img.get_pixel(i,40) > 45) and (img.get_pixel(i + 1,40) < 45) and
(img.get_pixel(i + 2,40) < 45):
        cz = i;
```

以上代码为寻找赛道实际左边沿的代码，其中img.get_pixel(x,y)是获取坐标为x点和y点的图像的像素值的方法，如果像素值大于45，说明是浅色赛道，如果像素值小于等于45，说明是黑色赛道。

```
for i in range(110,49,-1):
    if (img.get_pixel(i,40) > 45) and (img.get_pixel(i - 1,40) < 45) and
(img.get_pixel(i - 2,40) < 45):
        cy = i;
```

以上代码为寻找赛道实际右边沿的代码，和寻找赛道实际左边沿的代码类似，就不再赘述了。

```
rho_err = int( 80 - (cz + cy )/ 2 )
```

上面这句代码是获取偏差的语句，(cz + cy)/ 2是赛道的实际中线位置，如果机器人偏左，则偏差值小于0，如果机器人偏右，则偏差值大于0。

```
uart.write("a" + json.dumps(rho_err) + "b" )
```

程序的最后一句代码也十分重要，该语句使用uart.write方法将获得的偏差值转成字符串并在头尾添加"a""b"标记后通过串口发出。至于为何要在偏差值首尾添加"a""b"标记，我们将在后面的讲解中作进一步的解释。

Step 06 OpenMv 智能摄像头与循迹机器人的连接

在本章开头介绍过，基于OpenMv智能摄像头的循迹机器人是在基于光电传感器的循迹机器人的基础上，将循迹传感器换成OpenMv智能摄像头而成的。其电机的连接可以参考相关章节，本节只介绍OpenMv智能摄像头与Arduino Mega2560

控制板的连接方式。

如图6-10所示，我们将OpenMv智能摄像头与Arduino Mega2560控制板的串口2连接。如图6-10a所示，Arduino Mega2560控制板的串口2的Tx引脚为16，Rx引脚为17，根据串行通信的原理，Arduino Mega2560控制板的串口2的Tx引脚要与OpenMv智能摄像头的Rx引脚连接，它的Rx引脚要与OpenMv智能摄像头的Tx引脚连接，同时OpenMv智能摄像头的供电也由Arduino Mega2560控制板提供。

另外，如图6-10c所示，读者在安装基于OpenMv智能摄像头的循迹机器人时要特别注意摄像头的安装角度和安装高度，建议倾角以45度为宜，摄像头高度据地面20厘米左右，这样便于取得较为理想的前瞻效果。

a.Arduino Mega2560的串口2　　b.OpenMv智能摄像头上的串口　　c.基于智能摄像头的循迹机器人侧面

图6-10 OpenMv智能摄像头与Arduino Mega2560的连接

Step 07 OpenMv 智能摄像头循迹机器人的循迹程序

如图6-11所示，为基于OpenMv智能摄像头的循迹机器人的全部程序，当按下轻触按键【29】后，机器人将执行200次循迹程序，每一次都先通过"求偏移"子程序获取OpenMv智能摄像头采集并传递的机器人与赛道偏差的实时数据，该偏差数据存储在全局变量myerr中，循迹程序本质上是一个单光电循迹程序。如果偏差值myerr小于0，机器人向右纠偏；如果偏差值大于等于0，机器人向左纠偏。

最后，再来解释一下"求偏移"的编程思路。读者应该还记得，我们利用OpenMv智能摄像头发送偏差值之前，在偏差值首尾添加了"a""b"以后才将偏差

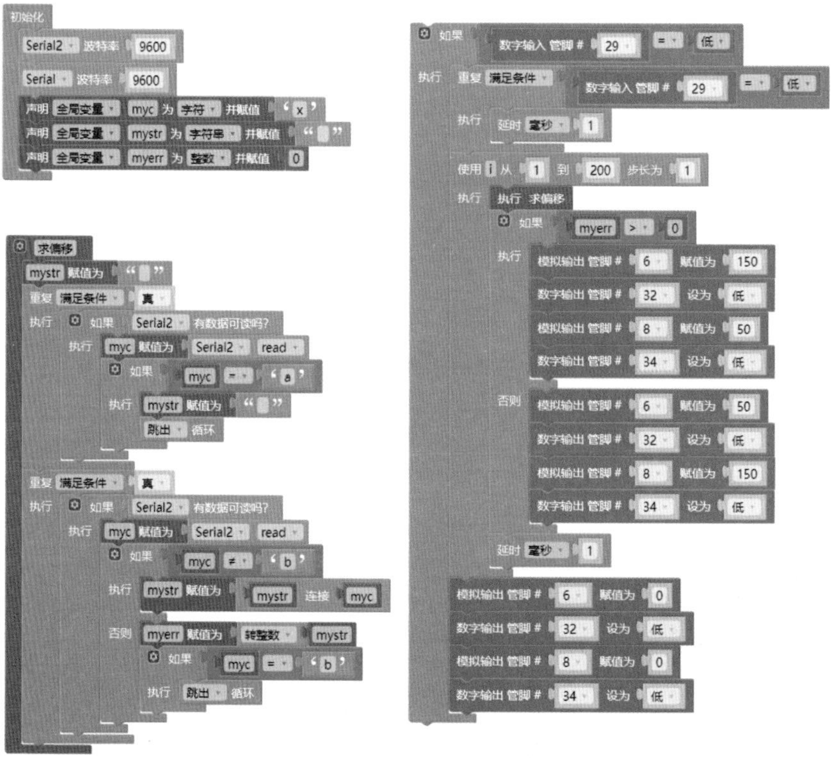

图6-11 OpenMv智能摄像头循迹机器人的循迹程序

值发送到Arduino控制板，我们就是要利用这两个字母来精准地接收偏差数据。请读者仔细观察"求偏移"子程序，该子程序首先使用一个while循环等待接收字母"a"，这是一个偏差值的开始，此时程序清空相关变量myerr、myc和mystr做好接收数据的准备。然后再通过另外一个等待字母"b"的循环接收数据，如果接收到的数据不是字母"b"，就将接收到的字母连接到字符串mystr后面，直到等到字母"b"，则一次偏差数据接收完成。此时将mystr转换成整数赋值给myerr供纠偏使用即可。

○ 拓展任务

能否将本节的循迹程序改为基于OpenMv智能摄像头的比例循迹程序呢？可以几个同学比一比，看看能将循迹速度提高多少？

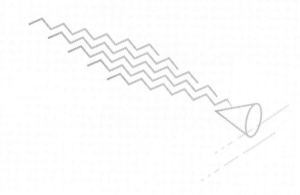

PART 07
人脸识别机器人及其应用

文/图 律原（首都师范大学） 李铮（北京市第一七一中学）

○ 本章任务

自2009年年底至2022年，新型冠状病毒疫情在全球暴发已经整整3年了，在公共场所佩戴口罩作为预防新冠传染的简单有效的方法在我国被广泛采用。如图7-1所示，为利用非接触测温和人脸识别技术的体温检测仪，它既可以检测出进入公共场所的人们是否处于发热状态，也能同时检测他们是否正确佩戴口罩。在本章中，我们向大家简要介绍一下人脸识别技术及其在日常生活中的应用。

图7-1 人脸识别技术及其应用

任务要点

● 人脸识别及其原理

● 基于OpenMv智能摄像头的人脸识别

● 基于MixNo-人工智能物联网AIOT开发板的人脸识别

● 基于人脸识别的预防近视智能台灯的制作

器材准备

　　本章的核心任务是进行人脸识别，由于进行人脸识别所需的计算量较大，一般的8位处理器比如8051和AVR的单片机都不能胜任。如图7-2所示，为几种可以完成人脸识别功能的智能摄像头模块。其中图7-2a和图7-2b所示的是我们前面使用过的OpenMv智能摄像头，可以使用Micro Python语言实现人脸识别功能，图7-2c所示的是MixNo-人工智能物联网AIOT开发板，它上面所搭载的K210 SOC 控制器内部含有一颗KPU。KPU是通用的神经网络处理器，KPU可以在低功耗的情况下实现卷积神经网络计算，实时获取被检测目标的大小、坐标和种类，它可以对人脸或者物体进行检测和分类，关键是NixNo开发板支持与Mixly类似的图形化编程方式。在下面的章节中，我们将分别介绍使用OpenMv智能摄像头模块和MixNo（即人工智能物联网AIOT开发板）实现人脸识别的方法。

a.OpenMV标准版　　　　　b.OpenMV Mini版　　　　　c.MixNo开发板

图7-2 可以完成人脸识别功能的几种智能摄像头

○ 制作步骤

STEP 01 人脸识别的概念

人脸识别是基于人的脸部特征信息进行身份识别的一种生物识别技术。用摄像机或摄像头采集含有人脸的图像或视频流，并在图像中自动进行检测和跟踪人脸，进而对检测到的人脸进行脸部识别的一系列相关技术，通常也叫作"人像识别""面部识别"（如图7-3所示）。

图7-3 通过面部识别概念进行身份验证

传统的人脸识别技术主要是基于可见光图像的人脸识别，这也是人们熟悉的识别方式，已有30多年的研发历史。但这种方式有着难以克服的缺陷，尤其在环境光照发生变化时，它的识别效果会急剧下降，无法满足实际系统的需要。解决光照问题的方案有三维图像人脸识别和热成像人脸识别。但这两种技术还很不成熟，其识别效果不尽如人意。

　　迅速发展起来的一种解决方案是基于主动近红外图像的多光源人脸识别技术。它可以克服光线变化的影响，已经取得了卓越的识别性能，在精度、稳定性和速度方面的整体系统性能已经超过三维图像人脸识别。这项技术在近两三年发展迅速，使人脸识别技术逐渐走向实用化。

STEP 02　人脸识别的过程

　　人脸识别系统主要包括4个组成部分（见图7-4），分别为：人脸图像采集及检测、人脸图像预处理、人脸图像特征提取以及匹配与识别。

图7-4　人脸检测方法示意图（供图／何思谊）

　　1.人脸图像采集。不同的人脸图像都能通过摄像镜头采集下来，比如静态图像、动态图像、不同的位置、不同表情等方面都可以得到很好的采集。当用户在采集设备的拍摄范围内时，采集设备会自动搜索并拍摄用户的人脸图像。

　　人脸检测。人脸检测在实际中主要用于人脸识别的预处理，即在图像中准确标定出人脸的位置和大小。人脸图像中包含的模式特征十分丰富，如直方图特征、颜色特征、模板特征、结构特征及Haar特征等。人脸检测就是把这些特征中有用的信息挑出来，并利用这些特征实现人脸检测。

　　2.人脸图像预处理。人脸的图像预处理是基于人脸检测结果，对图像进行处理并最终服务于特征提取的过程。系统获取的原始图像由于受到各种条件的限制和随机干扰，往往不能直接使用，必须在图像处理的早期阶段对它进行灰度校正、噪声过滤等图像预处理。对于人脸图像而言，其预处理过程主要包括人脸图像的光线补偿、灰度变换、直方图均衡化、归一化、几何校正、滤波以及锐化等。

3.人脸图像特征提取。人脸识别系统可使用的特征通常分为视觉特征、像素统计特征、人脸图像变换系数特征、人脸图像代数特征等。人脸特征提取就是针对人脸的某些特征进行的。人脸特征提取，也称"人脸表征"，它是对人脸进行特征建模的过程。人脸特征提取的方法归纳起来分为两大类：一类是基于知识的表征方法；另外一类是基于代数特征或统计学习的表征方法。

基于知识的表征方法主要是根据人脸器官的形状描述以及他们之间的距离特性来获得有助于人脸分类的特征数据，其特征分量通常包括特征点间的欧氏距离、曲率和角度等。人脸由眼睛、鼻子、嘴、下巴等局部构成，这些局部和它们之间结构关系的几何描述可作为识别人脸的重要特征，这些特征被称为"几何特征"。基于知识的人脸表征方法主要包括基于几何特征的方法和模板匹配法。

4.人脸图像匹配与识别。提取的人脸图像的特征数据与数据库中存储的特征模板进行搜索匹配，通过设定一个阈值，当相似度超过这一阈值时，则把匹配得到的结果输出。人脸识别就是将待识别的人脸特征与已得到的人脸特征模板进行比较，根据相似程度对人脸的身份信息进行判断。这一过程又分为2类：一类是确认，是一对一进行图像比较的过程；另一类是辨认，是一对多进行图像匹配对比的过程。

STEP 03 人脸识别的关键技术——级联分类器

当我们预测的是离散值时，进行的是"分类"。例如，预测一个孩子能否成为一名优秀的运动员，其实就是看他是被划分为"好苗子"还是"普通孩子"。对于只涉及两个类别的"二分类"任务，我们通常将其中一个类称为"正类"（正样本），另一个类称为"负类"（反类、负样本）。

例如，在人脸检测中，主要任务是构造能够区分包含人脸实例和不包含人脸实例的分类器。这些实例被称为"正类"（包含人脸图像）和"负类"（不包含人脸图像）。

通常情况下，分类器需要对多个图像特征进行识别。例如，识别一个动物到底是狗（正类）还是其他动物（负类），我们可能需要根据多个条件进行判断，这样比较下来是非常烦琐的，可以先比较它们有几条腿：

● 有"四条腿"的动物被判断为"可能为狗"，并对此范围内的对象继续进行分析和判断。

● 没有"四条腿"的动物直接被否决，即"不可能为狗"。

这样，仅仅比较腿的数目，根据这个特征就能排除样本集中大量的负类（例如鸡、鸭、鹅等不是狗的其他动物实例）。级联分类器就是基于这种思路，将多个简单的分类器按照一定的顺序级联而成的。

如图7-5所示，级联分类器的优势是，在开始阶段仅进行非常简单的判断，就能够排除明显不符合要求的实例。在开始阶段被排除的负类不再参与后续分类，这样能极大地提高后面分类的速度。这有点像我们经常收到的骗子短信，大多数人通常一眼就能识别出这些短信是骗人的，也不可能上当受骗。骗子们随机大量发送大多数人明显不会上当受骗的短信，这种做法虽然看起来非常蠢，但总还是会有人上当。这些短信在最开始的阶段经过简单的筛选过滤，就能够将完全不可能上当的人排除在外。不回复短信的人，是不可能上当的；而回复短信的人，才是骗子的目标人群。这样，骗子就能轻易识别并找到目标人群了，能够更专注地"服务"于他们的"最终目标人群"（不断地进行短信互动），从而有效地避免了与"非目标人群"（不回复短信的人群）发生进一步的接触而"浪费"时间和精力。

很多开发者提供了用于训练级联分类器的工具，他们也提供了训练好的用于人脸定位的级联分类器，这些都可以作为现成的资源使用。

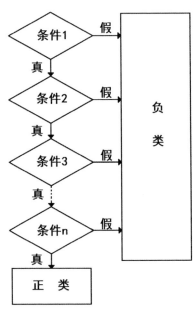

图7-5 级联分类器示意图

STEP 04 Haar 级联分类器

OpenMv提供了已经训练好的Haar级联分类器用于人脸定位。Haar级联分类器的实现，经过了以下漫长的历史。

首先，有学者提出了使用Haar特征用于人脸检测，但是此时Haar特征的运算量超级大，这个方案并不实用。

接下来，有学者提出了简化Haar特征的方法，这让使用Haar特征检测人脸的运算变得简单易行，同时他们还提出了使用级联分类器提高分类效率。

后来，又有学者提出用于改进Haar的类Haar方案，为人脸定义了更多特征，进一步提高了人脸检测的效率。如表7-1所示，为OpenMv中常用的级联分类器类型。

表7-1 人脸识别中的级联分类器

XML文件名	级联分类器类型
harrcascade_eye.xml	眼睛检测

（续表）

XML文件名	级联分类器类型
harrcascade_eye_tree_eyeglasses.xml	眼镜检测
harrcascade_mcs_nose.xml	鼻子检测
harrcascade_mcs_mouse.xml	嘴巴检测
harrcascade_smile.xml	表情检测
hogcascade_pedestrians.xml	行人检测
lbpcasecade_frontalface.xml	正面人脸检测
lbpcasecade_profileface.xml	侧面人脸检测

○ 使用 OpenMv 智能摄像头实现人脸识别功能

如图7-6所示，为使用OpenMv智能摄像头实现的人脸识别的效果，如果在OpenMv智能摄像头获取的实时图像中包含人类面孔，则OpenMv智能摄像头会将识别出的人脸区域用白色的矩形框标识出来。

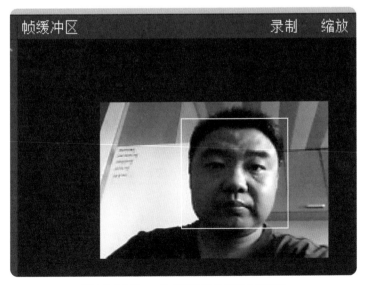

图7-6 利用OpenMv智能摄像头实现人脸识别

其实现的代码如下，请读者通过程序的注释理解程序的工作原理。

```
import sensor, time, image
# 重置感光元件
sensor.reset()
# 感光元件设置
sensor.set_contrast(3)
sensor.set_gainceiling(16)
# HQVGA和灰度对于人脸识别效果最好
sensor.set_framesize(sensor.HQVGA)
sensor.set_pixformat(sensor.GRAYSCALE)
#注意人脸识别只能用灰度图
# 加载Haar算子
# 默认情况下，这将使用所有阶段，更低的satges更快，但不太准确
face_cascade = image.HaarCascade("frontalface", stages=25)
#image.HaarCascade(path, stages=Auto)加载一个haar模型，haar模型是二进
制文件
#这个模型如果是自定义的，则引号内为模型文件的路径；也可以使用内置的haar
模型
#比如"frontalface" 人脸模型或者"eye"人眼模型
#stages值未传入时，使用默认的stages。stages值设置的小一些可以加速匹配，但
会降低准确率。
print(face_cascade)
# FPS clock
clock = time.clock()
while (True):
```

clock.tick()

拍摄一张照片

img = sensor.snapshot()

#匹配速度越快，错误率也会上升。scale可以缩放被匹配特征的大小

#在找到的目标上画框，标记出来

for r in objects:

　　img.draw_rectangle(r)

打印FPS。

print(clock.fps())

上面的程序展示了OpenMv Cam的内置人脸检测功能，这个程序中的人脸检测通过在图像上使用haar Cascade特征检测器来工作。haar级联是一系列简单的区域对比检查，对于内置的前表面探测器（见表7-1所示），有25个阶段的检查，每个阶段有数百个检查块。haar Cascades运行速度很快，因为只有在以前的阶段过去后才会评估后期阶段。 此外，OpenMv使用称为整体图像的数据结构来在恒定时间内快速执行每个区域对比度检查（特征检测仅为灰度是为了满足整体图像的空间需求）。

STEP 05 基于人脸识别的预防近视的智能台灯

2017年世界卫生组织报告指出，中国近视患者已达6亿人，而高中生和大学生近视率均超过7成，青少年近视率则高居世界第一。近视最主要成因来自用眼距离过近、时间过长、环境太暗。某中小学人工智能教育平台调查指出，中国学生每日平均花2.82h写作业，时长全球第一。3年疫情，大大增加的线上学习时间，使得我国中、小学生的近视发生率又大幅提高。在本章的最后，我们利用人脸识别来制作一台智能台灯。它能够通过人脸识别功能判断使用者与台灯的距离，进而自动调整台灯与使用者之间的距离，从而达到预防近视的目的。

本系统使用一个舵机驱动台灯的升降，为了达到这一目的，我们使用vex结构件来进行搭建。经过反复实验，台灯的升降臂由一个双连杆结构和一个平行四边形结构构成，由于这个双连杆构成的平行四边形结构在本书第一卷中已经有过介绍，这里我们对台灯的结构就不赘述了，请读者根据图7-7自行搭建。

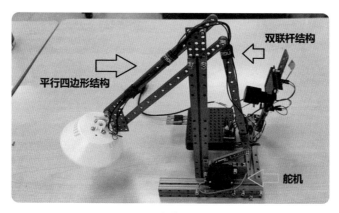

图7-7 台灯的升降结构

本系统的控制核心是MixNo人工智能物联网AIOT开发板如图7-8所示，这个控制板的最大优点是可以使用基于米思奇的图形化编程方式完成图像获取、图像识别、人脸比对等人工智能功能，这就大大降低了开发系统的难度。

图7-8 MixNo开发板和人工智能类编程模块

STEP 06　软件编写

◯ 设计思路

本系统通过摄像头获取台灯前方的物体，如果有人在台灯前工作（通过人脸识别判断），则可以进一步得到人脸与台灯的相对位置，并据此调整舵机的角度，从而改变台灯的状态以达到最佳的照明条件。

◯ 软件分析

系统软件分为初始化和人脸检测与定位两个主要部分，下面逐一分析。

1.系统初始化部分

如图7-9所示，程序的第一部分为系统初始化部分，包括设置LED控制引脚［D2和D3（补光灯）］、设置舵机引脚（D4）、设置摄像头和显示屏的初始状态、设置摄像头基准点（锚点）、设置KPU模型和初始化KPU模型。

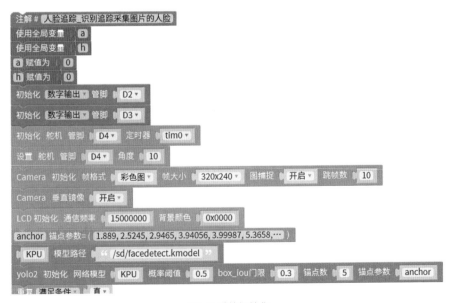

图7-9 系统初始化

2.人脸检测与定位

如图7-10所示，在系统初始化之后，开始进入程序主体，利用一个永久循环，用摄像头反复获取台灯前的图像，并检测图像中是否包含人脸，如果从获取的图像中检测出人脸，则进一步判断人脸与台灯的相对位置，并据此改变舵机的角度，从而使台灯达到最佳照明效果。

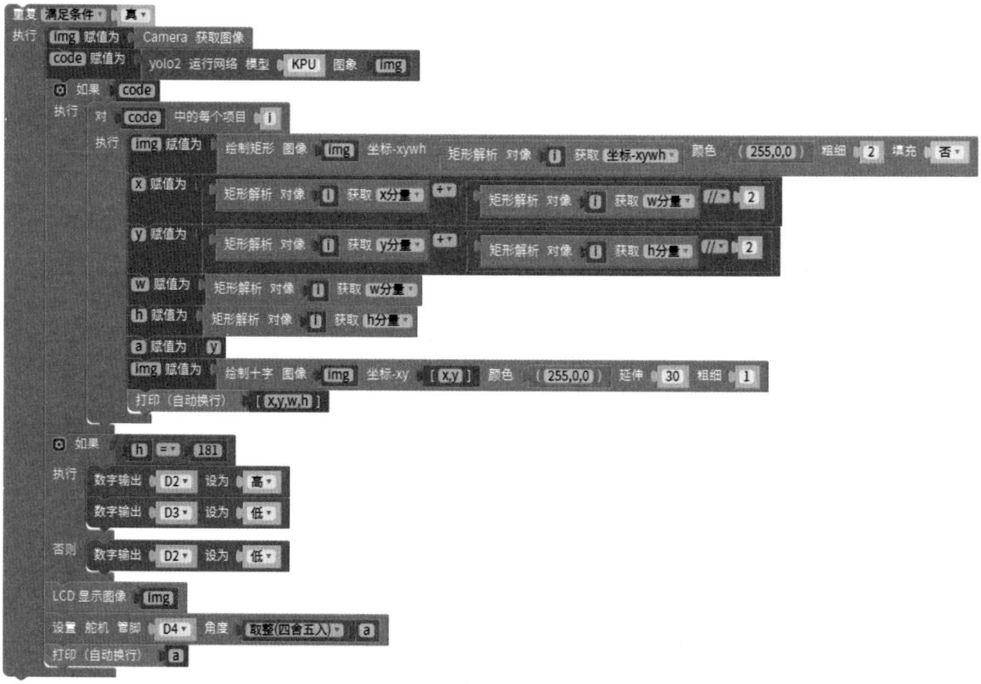

图7-10 人脸检测与定位

○ 拓展任务

对智能台灯进行升级

目前的智能台灯只能进行上、下调整，请读者对现有的智能台灯的结构进行改进，使得智能台灯能够根据使用者与台灯的实际位置进行上、下、左、右调整，以达到其最佳的使用效果。

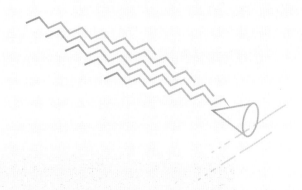

PART 08
语音控制智能机器人

文/图 律原（首都师范大学） 于雷（北京上地实验学校）

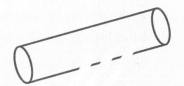

○ **本章任务**

与机器进行语音交流，让机器明白你说什么，这是人们长期以来梦寐以求的事情（见图8-1）。你可以把语音识别比作"机器的听觉系统"。语音识别技术就是让

图8-1 与机器人交流

机器通过识别和理解过程把语音信号转变为相应的文本或命令的技术。语音识别技术主要包括特征提取技术、模式匹配准则及模型训练技术3个方面。近年来，随着人工智能在语音识别领域核心技术的突破，语音识别技术越来越多地应用到了日常生活中：语音导航、基于人工智能的机器翻译、微信中的语音转文字功能等都是常见的语音识别技术的应用。在本章中，我们就要在了解语音识别技术的发展历程和基本原理的基础上，利用带有语音识别模块的单片机开发板制作一台基于语音控制的智能机器人。

○ 任务要点

● 了解语音识别技术的发展历程
● 初步理解语音识别技术的基本原理
● 掌握带有语音识别模块的单片机开发板的使用方法
● 制作基于语音控制的智能机器人

○ 器材准备

如表8-1所示，制作语音控制智能机器人的核心器件是天问-ASR语音开发板，它是一款带有语音处理模块的51单片机开发板，它支持类似于Mixly的图形化程序设计，大大降低了开发语音识别应用的难度。机器人的车体部分与我们之前制作的循迹机器人使用相同的左、右差速底盘，使用L298N电机驱动模块来驱动机器人的左、右轮电机。除了语音开发板外的其他器材，读者可以使用手边的类似器材来制作。

表8-1 语音控制智能机器人所需器材表

器材名称	简要说明
	带有语音控制功能的开发板 本例使用天问-ASR语音开发板作为机器人的控制核心，它是一款带有语音处理模块的51单片机开发板，它支持类似于Mixly的图形化程序设计，大大降低了开发语音识别应用的难度
	结构件 语音控制智能机器人的底盘采用前3点式左右差速底盘。支撑轮在机器人的前面，机器人后部的左、右两边各有一个TT型减速电机，这两个电机工作电压为5V
	电机驱动模块 本例采用L298N电机驱动模块，该模块可以同时控制两路直流减速电机。该模块的控制原理我们后面再详细介绍
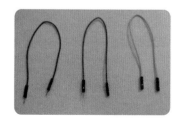	杜邦线 杜邦线的接头可以非常牢靠地插针连接，无须焊接，它可以快速地进行电路试验。杜邦线根据接头类型不同可以分成3种，如左图所示从左到右依次为：双公头杜邦线、公母头杜邦线、双母头杜邦线

（续表）

器材名称	简要说明
	18650两串锂电池组 　　为了制作方便，本例使用带有保护板的18650两串锂电池组为机器人供电，该电池组的供电电压为7.4V，当然读者也都可以采用4节或6节5号电池串联为机器人供电

○ 制作步骤

Step01 语音识别技术及其发展历程

语音识别是一门交叉学科。近20年来，语音识别技术取得了显著进步，它开始从实验室走向市场。人们预计，未来10年内，语音识别技术将进入工业、家电、通信、汽车电子、医疗、家庭服务、消费电子产品等各个领域。语音识别听写机在一些领域的应用被美国新闻界评为"1997年计算机发展十件大事之一"。很多专家都认为语音识别技术是2000年至2010年信息技术领域十大重要的科技发展技术之一。语音识别技术所涉及的领域包括：信号处理、模式识别、概率论和信息论、发声机理和听觉机理、人工智能等。

如图8-2所示，为语音识别任务分类。其中，孤立词识别的任务是识别事先已知的孤立的词，如"开机""关机"等；连续语音识别的任务则是识别任意的连续语音，如一个句子或一段话；连续语音流中的关键词检测针对的是连续语音，它并不识别全部文字，而只是检测已知的若干关键词在何处出现，如在一段话中检测"计算机""世界"这两个词。

根据针对的发音人，可以把语音识别技术分为特定人语音识别和非特定人语音识别2种，前者只能识别一个或几个人的语音，而后者则可以被任何人使用。显然，非特定人语音识别系统更符合实际需要，但它要比针对特定人的识别困难得多。

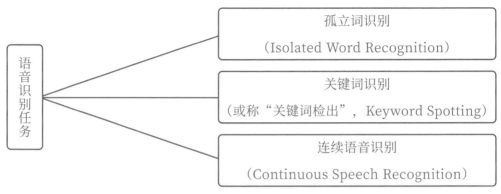

图8-2 语音识别任务分类

此外，根据语音设备和通道，可以分为桌面（PC）语音识别、电话语音识别和嵌入式设备（手机、PDA等）语音识别。不同的采集通道会使人的发音的声学特性发生变形，因此需要构造各自的识别系统。

语音识别的应用领域非常广泛，常见的应用系统有：语音输入系统，相对于键盘输入方法，它更符合人的日常习惯，也更自然、更高效；语音控制系统，即用语音来控制设备的运行，相对于手动控制来说更加快捷、方便，可以用在诸如工业控制、语音拨号系统、智能家电、声控智能玩具等许多领域；智能对话查询系统，根据客户的语音进行操作，为用户提供自然、友好的数据库检索服务，例如家庭服务、宾馆服务、旅行社服务系统、订票系统、医疗服务、银行服务、股票查询服务等。

在国内外语音识别技术的发展历史中，具有里程碑式的事件如下。

1952年，贝尔研究所Davis等人研究成功了世界上第一个能识别10个英文数字发音的实验系统。

1960年，英国的Denes等人研究成功了第一个计算机语音识别系统。

进入20世纪80年代以后，语音识别研究的重点逐渐转向大词汇量、非特定人连续语音识别。在研究思路上也发生了重大变化，即由传统的基于标准模板匹配的技术思路开始转向基于统计模型（HMM）的技术思路。此外，再次提出了将神经网络技术引入语音识别问题的技术思路。

进入20世纪90年代以后，在语音识别的系统框架方面并没有什么重大突破，但在语音识别技术的应用及产品化方面出现了很大的进展。

我国的语音识别研究起始于1958年，由中国科学院声学所利用电子管电路识别10个元音。直至1973年才由中国科学院声学所开始计算机语音识别。由于当时条件的限制，中国的语音识别研究工作一直处于缓慢发展的阶段。

进入20世纪80年代以后，随着计算机应用技术在中国逐渐普及和应用以及数字信号技术的进一步发展，国内许多单位具备了研究语音技术的基本条件。与此同时，国际上语音识别技术在经过了多年的沉寂之后又成为研究的热点，并且发展迅速。就在这种形势下，国内许多单位纷纷投入这项研究工作中。

1986年3月，中国高科技发展计划（"863计划"）启动，语音识别作为智能计算机系统研究的一个重要组成部分而被专门列为研究课题。在"863计划"的支持下，中国开始有组织地进行语音识别技术的研究，并决定了每隔两年召开一次语音识别的专题会议。从此中国的语音识别技术进入了一个前所未有的发展阶段。

Step 02 语音识别的过程

语音识别过程包括从一段连续声波中采样，将每个采样值量化，得到声波的压缩数字化表示。采样值位于重叠的帧中，对于每一帧，抽取出一个描述频谱内容的特征向量。然后，根据语音信号的特征识别语音所代表的单词。语音识别过程主要分为如下5步。

1.语音信号采集

语音信号采集是语音信号处理的前提。语音通常通过话筒输入计算机，话筒将声波转换为电压信号，然后通过A/D装置（如声卡）进行采样，从而将连续的电压信号转换为计算机能够处理的数字信号。

目前多媒体计算机已经非常普及，声卡、音箱、话筒等已是个人计算机的基本设备。其中声卡是计算机对语音信号进行加工的重要部件，它具有对信号滤波、放大、A/D和D/A转换等功能。而且，现代计算机操作系统都附带录音软件，通过它可以驱动声卡采集语音信号并保存为语音文件。

2.语音信号预处理

语音信号在采集后，首先要进行滤波、A/D变换，预加重和端点检测等预处理，然后才能进入识别、合成、增强等实际应用。

3.语音信号的特征参数提取

科学家们经过长期测量得出人说话的频率在10kHz以下。根据香农采样定理，为了使语音信号的采样数据中包含所需单词的信息，计算机的采样频率应是需要记录的语音信号中包含的最高语音频率的2倍以上。我们一般将信号分割成若干块，信号的每个块称为帧，为了保证可能落在帧边缘的重要信息不会丢失，应该使帧有重叠。例如，当使用20kHz的采样频率时，标准的一帧为10毫秒，包含200个采样值。

4.向量量化

向量量化技术是20世纪50年代后期发展起来的一种数据压缩和编码技术，经过向量量化的特征向量也可以作为后面隐马尔可夫模型中的输入观察符号。向量量化的基本原理是将若干个标量数据组成一个向量（或者是从一帧语音数据中提取的特征向量）并在多维空间进行整体量化，从而可以在信息量损失较小的情况下压缩数据量。

5.语音识别

　　当提取声音特征集合以后，就可以识别这些特征所代表的单词。识别系统的输入是从语音信号中提取出的特征参数，如LPC预测编码参数。当然，单词对应于字母序列。语音识别所采用的方法一般有模板匹配法、随机模型法和概率语法分析法3种。

Step 03　使用天问-ASR语音开发板开发第一个语音控制程序
○ 获取天问-ASR语音开发板

　　读者可以在各大电商平台搜索"天问-ASR语音开发板"购买。如图8-3所示天问-ASR语音开发板由语音控制板、麦克风（用于获取语音）、喇叭（用于发出语音）、下载器和Type C连接线构成。

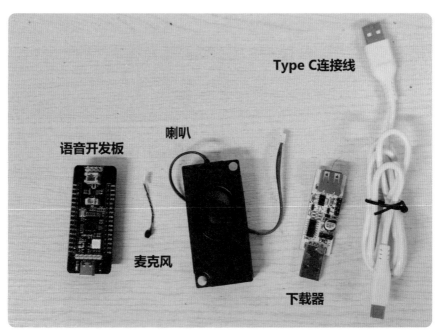

图8-3 天问-ASR语音开发板

有了硬件，我们还需要软件才能使用天问-ASR语音开发板，如图8-4所示，读者可以到天问软件的支持平台去下载最新的天问Block软件，下载链接为https://haohaodada.com/new/resource.php。

图8-4 下载天问Block软件

下载完天问Block软件的安装包以后，将其解压缩以后就会出现天问Block软件的安装程序，按照图8-5的步骤就可以将天问Block软件安装在你的电脑上。

图8-5 安装天问Block软件

需要注意的是，安装完天问Block软件后，我们还需要再安装一个下载器的驱动程序。这个下载器驱动程序的安装也是非常简单的，按照图8-6的步骤完成即可。

图8-6 安装下载器的驱动程序

以上步骤都完成后，就可以打开天问Block软件来开始编写我们的第一个语音控制程序了。图8-7为天问Block软件的初始界面，读者可以看到它与Mixly软件的界面非常相似，支持图形化编程，这也就是本书选择天问-ASR语音开发板的原因。为了能够使用天问软件的语音模型生成功能，第一次使用天问Block软件时，还需要单击这个软件的"个人中心"注册一个账号并登录。

图8-7 天问Block软件的初始界面和注册用户

如图8-8所示，打开天问Block软件登录平台后，按照天问-ASR语音开发板的说明书将麦克风和喇叭插在天问-ASR语音开发板的对应接口，并用Type C连接线将天问-ASR语音开发板与下载器连接，最后将下载器插在电脑上，如果"未连接"的图标变为"COM3-CP210x"，则表示硬件连接成功可以开始编程了。

图8-8 连接硬件

如图8-9所示，我们通过单击导航条左侧的"范例代码→标准模式→第一个语音识别程序"来学习如何使用天问Block的图形化编程方式完成一个语音控制程序。这个程序实现的功能是，当使用语句"智能管家"唤醒语音控制板后，使用者可以通过"打开红灯"的语言指令使语音控制板上的全彩发光二极管点亮红色，又可以通过"关闭红灯"的语言指令使语音控制板上的全彩发光二极管熄灭。

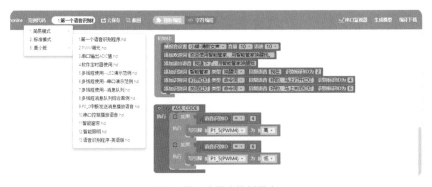

图8-9 第一个语音控制程序

如图8-10所示为第1个语音控制程序的"初始化"部分。在初始化部分中，我们首先对语音模块的播报音进行设置，天问-ASR语音开发板既可以使用女声又可以使用男声，而且播报的语速和音量也是可以设置的，语速的初始值越大则播报的速度越快，音量的初始值越大，播报的声音就会越大，读者可以根据应用程序的使用需要调节适当的播报音量和语速。

初始化部分的第2句是设置欢迎词，这也是在系统第一次上电工作时向使用者发出的系统使用语音提示。读者可以直接通过编辑欢迎词中的文字来改变播报的欢迎词内容，需要注意的是欢迎词应该简明扼要，也就是把系统使用的最重要信息能清晰地传递给使用者。

初始化的第3句是设置系统退出语音。为了节省系统能耗，大多数语音开发板会在一段时间内若没有收到语音指令它会自动进入休眠状态。在进入休眠状态前，语音开发板应该提示使用者系统马上要进入休眠状态，并同时应该提示给使用者再次唤醒系统的方法，本程序使用"智能管家"作为系统唤醒命令。

初始化程序的第4句到第6句都是设置识别词。设置识别词是语音控制系统中程序设计非常关键的一步，识别词设置的是否准确、完整直接关系到一个语音控制系统是否能够正常工作。天问-ASR语音控制开发板的识别词分为两类，其中一类是"唤醒词"，就是当系统处于休眠状态时通过唤醒词使系统重新回到工作状态。一般来说一个程序中的唤醒词只有一个，初始化的第4句就是将"智能管家"设置为唤醒词，就是当系统处于休眠状态时，使用者只要说一句"智能管家"，系统就会退出休眠重新进入工作状态。

初始化程序的第5句是设置了一个命令类型的识别词，在一个语音控制系统中可以设置多个命令类型的识别词。初始化程序的第5句设置的命令词为"打开红灯"并为这条命令识别词设置了识别标识ID为4。这就意味着当使用者将系统唤醒后，使用"打开红灯"语音指令时系统会返回一个识别标识ID，返回值为4。需要特别注意的是，每一条识别词的识别标识ID都是唯一的。初始化程序的第6句与第5句类似，它是设置命令类型的识别词"关闭红灯"，它的识别标识ID是6。

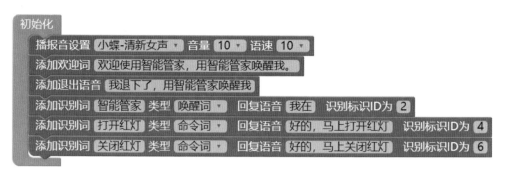

图8-10 第一个语音控制程序的初始化部分

　　说完了语音识别程序的"初始化"部分，我们再来说说语音控制程序的"语音识别"部分。如图8-11所示，ASR_CODE循环是语音识别控制中的语音识别循环，每当系统接收到预设的识别词并得到识别标识ID后，都会进入这个循环。语音识别循环内部一般会存在多个"如果"条件语句，每一个条件语句内部都对应一个预设的识别标识ID。该系统会自动执行与识别标识ID一致的语句。比如系统接收到识别词"打开红灯"时就会产生识别标识ID=4，进而执行"写引脚P1_5(PWM4)为高"的语句使全彩LED发出红光。

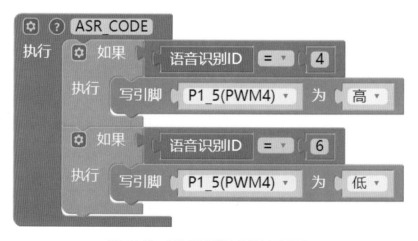

图8-11 第一个语音控制程序的语音识别部分

如图8-12所示，当编写好一个图形化语音程序后，首先应该通过项目菜单下的"保存（图形文件）"选项将该程序保存。再单击"生成模型"耐心等

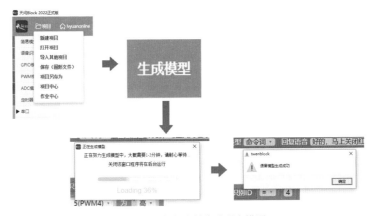

图8-12 保存程序并生成语音模型

待1~3分钟就会生成程序中的语音模型。需要注意的是，生成模型必须在联网且天问Block软件已经登录的情况下完成。

在完成了上面的所有步骤以后，我们就可以将编写好的程序下载到语音开发板上了。如图8-13所示，单击"编译下载"按钮后，请耐心等待下，如果听到设置的欢迎词或出现的下载过程界面都消失了，则说明该程序已经成功下载到语音开发板中了。此时就可以使用唤醒词唤醒系统并对系统发出相关的命令了。

图8-13 下载成功

○ 拓展任务

声控交通灯

已知天问-ASR语音开发板的引脚P1_5(PWM4)为全彩发光二极管红色的控制引脚，引脚P1_6(PWM5)为全彩发光二极管绿色的控制引脚，请读者尝试编写一个语音控制红绿灯的程序。当使用者发出"打开绿灯""打开黄灯"和"打开红灯"指令时，点亮相对应的颜色信号灯，当使用者发出"关闭"指令时，全彩发光二极管熄灭。

提示：黄色信号灯可以由红色和绿色混色而成。

○ 使用天问-ASR语音开发板开发语音控制机器人

如图8-14所示，我们利用循迹车的车体、L298N电机驱动模块和天问-ASR语音控制开发板制作一个能够语音控制的智能车。当我们发出"前进""后退"和"停止"的指令时，智能车可以执行相应的动作。

图8-14 语音控制智能车

如图8-15所示，为语音控制智能车的电路连接图，由于我们在本书前面多次讲过电机驱动模块L298N的使用方法了，这里就不再赘述。我们只强调一下天问-ASR语音开发板的供电和与L298N电机驱动模块的连接引脚。

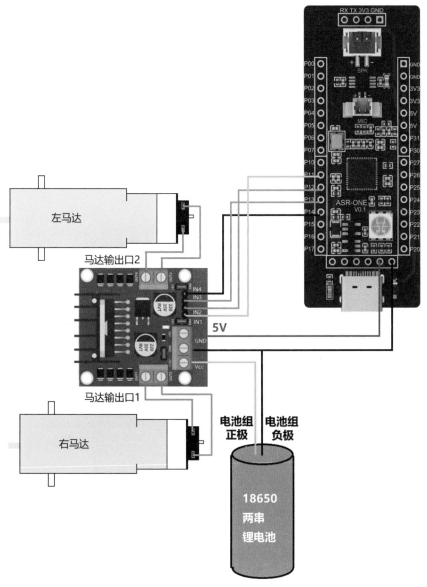

图8-15 语音控制智能车电路连接图

首先，请读者特别注意：锂电池组的正极与L298N电机驱动模块的Vcc引脚（或12V引脚）连接、锂电池组的负极与L298N电机驱动的GND引脚连接。天问-ASR语音开板的供电电压是5V（这个要特别注意），所以天问-ASR语音开发板的正极与L298N电机驱动模块的5V输出端口相连，天问-ASR语音开发板的负极与L298N电机驱动模块的负极相连即可。

L298N电机驱动模块的IN1引脚与天问-ASR语音开板的P11引脚相连、IN2引脚与P12引脚相连、IN3引脚与P13引脚相连、IN4引脚与P14引脚相连。可以看出P11和P12引脚控制右马达，P13和P14引脚控制做马达。请读者反复确认是否连接正确再通电测试。

如图8-16所示，为语音控制智能车初始化程序，在初始化程序中我们将"智能车"设置为唤醒词，并设置了前进、后退和停止3条命令。它们的识别标识ID分别为3、4、5。

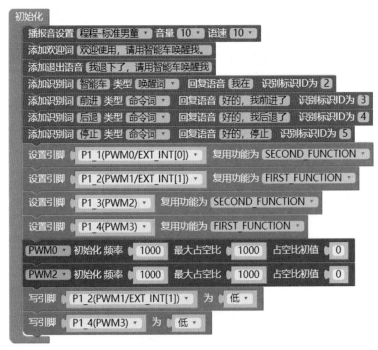

图8-16 语音控制智能车初始化程序

如图8-17所示，为语音控制智能车语音识别程序，当天问-ASR语音开发板接收到前进命令的识别标识ID3后，P11引脚（PWM0引脚）输出30%的PWM信号，P12引脚置低电平，机器人的右轮正转；P13引脚（PWM2引脚）也输出30%的PWM信号，P14引脚置低电平，机器人的左轮正转，此时机器人以全速的30%速度前进。

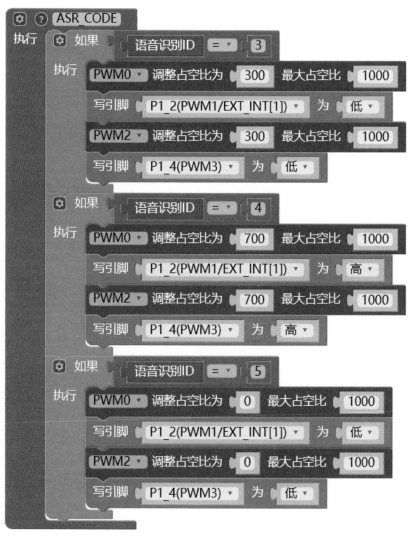

图8-17 语音控制智能车语音识别程序

当天问-ASR语音开发板接收到后退命令的识别标识ID4后，P11引脚（PWM0引脚）输出70%的PWM信号，P12引脚置高电平，机器人的右轮反转；P13引脚（PWM2引脚）也输出70%的PWM信号，P14引脚置高电平，机器人的左轮反转，此时机器人以全速的30%后退。

当天问-ASR语音开发板接收到后退命令的识别标识ID5后，P11引脚（PWM0引脚）输出0%的PWM信号，P12引脚置低电平，机器人的右轮停转；P13引脚（PWM2引脚）也输出0%的PWM信号，P14引脚置低电平，机器人的左轮停转，此时机器人停止。

○ 拓展任务

为语音控制智能机器人增加控制命令

请读者编写程序为语音控制智能机器人增加左转、右转控制命令，你也可以展开想象为机器人增加更多有趣的指令，使智能机器人能够完成更多的任务，如语音控制实现机器人的速度控制。